JN234712

エース 電気・電子・情報工学シリーズ

エース

パワーエレクトロニクス

引原隆士
木村紀之
千葉　明
大橋俊介
著

朝倉書店

まえがき

　タイトルの「パワーエレクトロニクス」は，電力変換回路技術だけでなく，半導体電力素子技術，制御技術，さらにはモータ制御，電力制御などのシステム工学を含む学際分野の総称であるため，本書ではこの分野の呼称として用いている．したがって，本書の構成を見ていただくとわかるように，小容量の電源技術からモータ駆動制御まで広い範囲をカバーしている．

　著者らが本書の企画を検討した際に，本書を用いることで，一応パワーエレクトロニクスの基礎を学習し，その技術を利用してモータ制御等を実現するための知識を習得することが可能な構成を模索した．その結果が本書である．当初の考え方がどれだけ本書に組み込まれたかは，読者の判断を待つ必要がある．現在，多数のパワーエレクトロニクスの教科書が出版されており，それにさらに本書を加えることには，若干の抵抗があった．数々の名著と呼ばれる教科書を著者らも使用して学習してきた経緯があり，それらの影響が随所に出ていることを正直に認めたい．これらの名著を著していただいた先生方に改めて御礼申し上げるとともに，このような分野を創造してこられた先達に敬意を表したい．

　さて，パワーエレクトロニクス技術は既に産業分野では基盤技術となり，電気・通信工学の分野で仕事をする限り避けては通れない技術となっている．一方，大学では電気，電子，情報系の分野の拡大とともに，非常に多くの知識を短期間に習得する必要があるため，一分野の学習にかける時間が少なくなっている．そのため，学生が縦割りの講義で与えられた知識が他の講義内容と自らの力で融合できるほどの時間的余裕がなくなっている．本来言うまでもないが，知識というものは講義の科目名で縦割りされるようなものではなく，モータを制御するにも，電気回路，電子回路，制御理論，電力回路，センサ技術，力学の知識が必要となる．これらを単発に講義で習得した後，従来は実験・演習，卒業研究等で知識の融合を図ることが期待されてきた．しかしながら，パ

ワーエレクトロニクスを学習する前段階の講義科目が非常に多く，これらの習得を待っていてはいつまで経ってもパワーエレクトロニクスの理解には達しないことになる．このような状況を考えると，その講義の中で関連分野の知識を同時進行で思い出させながら，一貫した主旨でパワーエレクトロニクスを学習する可能性を追求する必要があるものと考えていた．そのような観点から，本書の内容は，著者らがそれぞれ所属する大学で携わっている講義をベースに，全員の議論を経て全体を構成したものである．したがって，電気・電子工学関連の学科以外の人が独習することも可能な内容となっている．この目的に少しでも寄与できれば幸いである．また，忌憚のないご意見を期待したい．

最後に，各著者の執筆分担を示す．1, 3章を引原，2章を木村，4章を引原，木村，大橋，5, 6, 7, 8, 9章を千葉が分担執筆した．著者が複数であるために若干整合性の悪いところもあるが，まだまだ浅学の著者らが努力した結果として御容赦いただきたい．

2000年2月

著者代表　引原　隆士

目 次

1. パワーエレクトロニクスの概要とスイッチング回路の基礎

1.1 パワーエレクトロニクスの概要 …………………………………… 1
  1.1.1 エレクトロニクスとパワーエレクトロニクス ……………… 1
  1.1.2 電子デバイスとパワーデバイス ……………………………… 2
  1.1.3 スイッチとパワーデバイス …………………………………… 2
  1.1.4 スイッチングによる電力変換 ………………………………… 3
1.2 パワーデバイスの動作特性とスイッチング特性 ………………… 5
  1.2.1 電力用ダイオード ……………………………………………… 5
  1.2.2 パワートランジスタ …………………………………………… 6
  1.2.3 サイリスタ ……………………………………………………… 9
  1.2.4 MOSFET ………………………………………………………… 10
1.3 スイッチ素子を含む回路の動作 …………………………………… 12
  1.3.1 スイッチングによる過渡状態 ………………………………… 12
  1.3.2 スイッチ動作に伴う共振状態 ………………………………… 13
  1.3.3 スイッチング波形と高調波 …………………………………… 15
演 習 問 題 …………………………………………………………………… 16

2. 交流・直流変換器回路の基本動作

2.1 ダイオード整流器 …………………………………………………… 18
  2.1.1 ダイオードブリッジ整流回路 ………………………………… 18
2.2 サイリスタと電流形変換器の整流器・インバータ動作 ………… 22
  2.2.1 抵抗負荷をもつサイリスタ変換器 …………………………… 22
  2.2.2 リアクトル負荷をもつサイリスタ変換器 …………………… 25
  2.2.3 サイリスタ電流形変換器(直流電流が一定の場合) ………… 25

2.3　自己消弧素子を用いた電圧形変換器のインバータ動作 …………… 26
　　2.3.1　電圧形変換器のインバータ動作 ……………………………… 28
2.4　三相交流直流変換器 ………………………………………………… 31
　　2.4.1　ダイオード整流器 ……………………………………………… 31
　　2.4.2　サイリスタ電流形変換器による直流モータの駆動 ………… 35
　　2.4.3　トランジスタ電圧形インバータ ……………………………… 41
2.5　重なり角とデッドタイム …………………………………………… 46
　　2.5.1　重なり角 ………………………………………………………… 46
　　2.5.2　デッドタイム …………………………………………………… 50
演習問題 …………………………………………………………………… 51

3. DC-DC コンバータ

3.1　DC-DC コンバータの種類 ………………………………………… 52
3.2　バックコンバータ …………………………………………………… 53
　　3.2.1　バックコンバータの動作原理 ………………………………… 53
　　3.2.2　バックコンバータの出力制御機構 …………………………… 55
　　3.2.3　パルス幅変調方式 DC-DC バックコンバータの解析 ……… 56
3.3　ブーストコンバータ ………………………………………………… 57
　　3.3.1　ブーストコンバータの動作原理 ……………………………… 57
　　3.3.2　ブーストコンバータの出力制御機構 ………………………… 58
　　3.3.3　ブーストコンバータの動作解析 ……………………………… 59
3.4　バック・ブーストコンバータ ……………………………………… 60
3.5　チュックコンバータ ………………………………………………… 61
3.6　コンバータの不連続導通モード …………………………………… 62
演習問題 …………………………………………………………………… 63

4. パワーエレクトロニクス回路構成と制御技術

4.1　スイッチング方式 …………………………………………………… 65
　　4.1.1　パルス幅変調 …………………………………………………… 65
　　4.1.2　パルス周波数変調 ……………………………………………… 67

4.1.3　パルス密度変調 ………………………………………………… 67
　4.2　スイッチング ………………………………………………………… 67
　　4.2.1　スイッチング関数 ………………………………………………… 68
　　4.2.2　入力電源が交流の場合のスイッチング ………………………… 68
　　4.2.3　入力電源が直流の場合のスイッチング ………………………… 71
　　4.2.4　高調波解析 ………………………………………………………… 72
　4.3　スイッチ素子の保護回路 …………………………………………… 74
　　4.3.1　異常電流，電圧の発生と影響 …………………………………… 74
　　4.3.2　di/dt 抑制回路 …………………………………………………… 75
　　4.3.3　スナバ回路 ………………………………………………………… 76
　4.4　高調波の抑制 ………………………………………………………… 77
　　4.4.1　整流による高調波の発生 ………………………………………… 77
　　4.4.2　フィルタによる高調波の抑制 …………………………………… 78
　　4.4.3　共振形回路 ………………………………………………………… 79
　演 習 問 題 ………………………………………………………………… 84

5. 永久磁石形サーボドライブと瞬時ベクトル制御

　5.1　円筒形永久磁石モータの構造と動作原理 ………………………… 86
　5.2　定常状態電流と等価電流 …………………………………………… 88
　5.3　電圧電流方程式と座標変換 ………………………………………… 89
　5.4　d, q 軸等価回路，トルク ………………………………………… 92
　5.5　直流機との等価性 …………………………………………………… 93
　5.6　ベクトル制御システムの構成 ……………………………………… 94
　演 習 問 題 ………………………………………………………………… 95

6. ベクトル制御誘導機ドライブ

　6.1　d, q 軸の電圧電流方程式 ………………………………………… 97
　6.2　インダクタンス蓄積エネルギーと出力トルク …………………… 99
　6.3　回転子鎖交磁束 ……………………………………………………… 101
　6.4　ベクトル制御システムの構成 ……………………………………… 103

6.5　V/f 一定制御 …………………………………………… 106
演習問題 ……………………………………………………… 108

7. 交流電流フィードバック制御法とセンサ

7.1　交流電流フィードバック制御法 ………………………… 109
7.2　ヒステリシスコンパレータ方式 PWM 制御 …………… 110
7.3　d, q 軸電流制御 …………………………………………… 113
7.4　回転角度位置センサ ……………………………………… 114
　　7.4.1　ロータリーエンコーダ ……………………………… 115
　　7.4.2　レゾルバ ……………………………………………… 116
7.5　電流センサ ………………………………………………… 117
演習問題 ……………………………………………………… 118

8. モーションコントロール

8.1　トルクコントロール ……………………………………… 122
8.2　速度コントロール ………………………………………… 123
8.3　位置コントロール ………………………………………… 126
演習問題 ……………………………………………………… 127

9. 誘導機の座標変換

9.1　u, v, w 軸上の電圧電流方程式 ………………………… 129
9.2　座標変換行列 ……………………………………………… 132
9.3　座標変換の例 ……………………………………………… 133
9.4　T 形等価回路 ……………………………………………… 134
演習問題 ……………………………………………………… 135

演習問題解答 ……………………………………………………… 136
索　引 ……………………………………………………………… 143

1. パワーエレクトロニクスの概要とスイッチング回路の基礎

1.1 パワーエレクトロニクスの概要

　パワーエレクトロニクス技術は今日までにほぼ完成され，産業の基盤技術であるとともに必要不可欠な技術となっている．私たちの回りには，クーラー等モータを内蔵する家電製品，工場などにおける搬送装置，電車などのパワーエレクトロニクス技術を導入した製品，システムがあふれている．それらの多機能性は，直流あるいは交流電源の出力制御技術に依存している．そのような電源を実現する技術がパワーエレクトロニクス技術である．すなわち，パワーエレクトロニクス技術は，電子デバイス技術，電力技術，制御技術に大きく依存しており，それらの複合技術という性格をもっている．近年，この技術は，電力システムのような高電圧，大容量システムへの適用，エンジン等の熱機関に代わる動力源，さらにはチップ上に電源の全機能を組み込んだ小容量，低損失素子の開発といったようにその関連分野を広げており，それに伴い新たな技術分野を取り込んでいる．

　本章では，本書の導入としてパワーエレクトロニクス技術のキーとなる半導体素子のスイッチング特性とスイッチング要素を含む回路の基本的な特性について簡単に説明する．

1.1.1　エレクトロニクスとパワーエレクトロニクス

　一般にエレクトロニクスといわれる技術分野は，とくに電子計算機の開発に

伴って確立した電子回路を基礎とするシステム分野と考えればよい．この分野ではトランジスタ，MOSFET 等の半導体電子デバイスを能動素子として用いており，現在ではそれらの素子の集積化が進み，高密度な演算処理が可能となっている．これらのエレクトロニクス装置の開発の目的は，電気信号の変換・情報処理にある．

一方，パワーエレクトロニクスといわれる技術分野は，モータ等の駆動装置に必要な電源の開発に伴って確立した，半導体電力変換回路を基礎とするシステム分野の総称と考えることができる．この分野でもその能動素子としてトランジスタ，FET 等を使用することに変わりがないが，扱う電圧，電流が高く，素子の容量も比較的大きなものが必要とされる．それらの素子を一般にパワーデバイスと呼ぶ．これらの素子を用いた装置は基本的に電気エネルギーの変換・処理を目的としている．

いずれもシステムを構成する分野を指すため，単体の回路だけを指してエレクトロニクス，パワーエレクトロニクスと分類することに意味はなく，その回路に機能が加わることによってはじめてそれぞれの分野における用途が生まれ，分類が意味をもつ．

1.1.2 電子デバイスとパワーデバイス

エレクトロニクス分野で一般に使用される半導体電子デバイスと，パワーエレクトロニクス分野で使用されるパワーデバイスの大きな違いは，その利用目的の違いに依存している．電子デバイスは，電子回路を構成してその信号変換・処理の機能を付加する際に，処理対象の性質上，高機能化は素子の集積化・応答の高速化に支配されるため，必然として，小容量の素子が用いられるようになっている．一方，パワーデバイスは，エネルギー変換の目的から，単一素子で変換・処理できるエネルギーを多くするために，大容量の素子の開発に向かっている．また，素子の機能性を上げるための高速化も求められている．

1.1.3 スイッチとパワーデバイス

電子デバイスと異なり，パワーデバイスに要求される機能は，主として電子

スイッチとしての機能である．

　スイッチにはブレーカやリレーなどの接点のあるスイッチがある．これらは機械的な接点があるため接点の保守が必要となる上，機械的な駆動系には機械的限界や接触部の劣化特性があるため高速化や小型化には適していない．すなわち，高速で長期間にわたりスイッチ動作を繰り返すことは難しい．

　電子デバイスは，その能動範囲内に完全導通状態と完全非導通状態を有している．デバイスの構造によりその状態を切り替える状態変数（物理量）は異なるが，動作点がその2つの状態を高速で移動できれば電子デバイスはスイッチとして機能する．パワーデバイスにおいても基本的には同じで，スイッチとしての機能をもつ素子と考えられる．

　パワーデバイスをスイッチとして使用すると，高電圧，大電流に対して接点のない，そのため接点の劣化や機械的駆動系の限界がないスイッチを構成することができる．

1.1.4　スイッチングによる電力変換

　電力変換とは，電力を伝達する物理的媒体である電圧，電流の形態の変換と量の変換を合わせていう．電圧，電流の形態とは通常，直流(DC)と交流(AC)を指す．この形態による電力変換の組合せには表1.1のように4種類があり，それぞれの電力変換を行う回路に対して種類分けがなされている．入力と出力はそれぞれ電圧，電流の形態を意味する[1]．

　では，どのようにして直流から交流を生成したり，交流から直流を生成したりすることができるのだろうか？次に例を示す．

表 1.1　電力変換の組合せ

入力\出力	DC	AC
DC	コンバータ回路	インバータ回路（逆変換回路）
AC	整流回路（順変換回路）	サイクロコンバータ回路

　〔例1.1〕　直流電源（たとえば電池）とスイッチ4個および負荷抵抗からなる図1.1の回路を考える．この回路で，スイッチ(S_1, S_4)と(S_2, S_3)の組合せを一定時間間隔で交替させることを考える．このとき負荷にかかる電圧はどんな形態をとるだろう

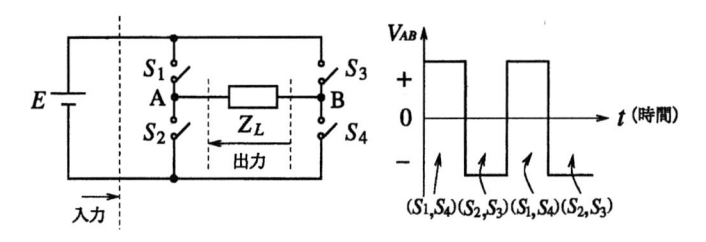

図1.1 電力変換の考え方の例1

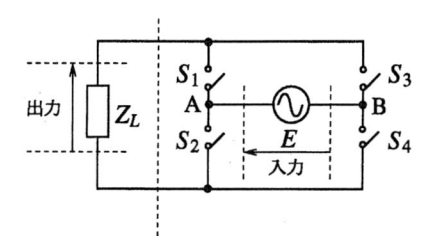

図1.2 電力変換の考え方の例2

か？直流電源の出力電圧は直流である．一方，負荷抵抗にかかる電圧は図に示すように，スイッチの組合せにしたがって，時間的に極性が入れ替わる．すなわちその形態は交番電圧となる．もちろん，正弦波電圧ではないので商用電源などとはかなり異なるが，これをフィルタに掛けたり，何らかの方法で矩形波から正弦波に補正できれば交流電圧として使用に耐えるものとなる．

このように，スイッチのON，OFF動作だけで直流電圧が交流電圧に変換できることとなる．このときの電流も同様で，バッテリーは常に一定の負荷を負うため直流電流であり，負荷では電圧同様に極性が切り替わる電流が流れる．このような回路は表1.1で見ると，インバータ回路として分類される．この詳細については後の章で述べる．

この回路の電源を負荷とし，負荷を交流電源に変え，交流の周期とスイッチの切換えの周期を合わせると，今度は交流から直流に変換する回路ができあがる．それを図1.2に示す．これが整流回路である．すなわち，インバータ回路の動作と整流回路の動作は反対の関係にあることが容易にわかる．

例で示したように，回路中に含まれるスイッチの回路切替動作だけで，電圧，電流の形態を変換することが可能であることがわかる．これが電力変換の一例である．現実にこれらの回路を使用するためには，回路中のスイッチの動作に関わる制御が必要となる．

1.2 パワーデバイスの動作特性とスイッチング特性

前節で示した回路で,スイッチを機械的なスイッチで構成することもできるが,スイッチの耐久性や動作特性を考えると,無接点のパワーデバイスをスイッチとして使用することが望まれる.そこでスイッチとして使用できるパワーデバイスの一部についてそのスイッチング特性の概略を述べる(多くの教科書では素子の物性論的特性に基づいた説明がなされているが,本書では端子特性に基づいた説明に止める.したがって,物性的動作特性が必要になったときは関連教科書を参照されることを勧める).

1.2.1 電力用ダイオード

電力用ダイオードには pn 接合型ダイオード,ショットキーダイオード(金属-n 型接触構造で,少数キャリアの蓄積効果がないため応答が速い),PIN ダイオード(pn 接合の間に真性半導体を挟み耐圧を高めている.このように素子は高速応答,高耐圧の方向に常に改良が加えられている)などが使用される.その記号および電圧-電流特性を図 1.3 に示す.この特性は,電圧の正領域が順方向 (p→n) を,負領域が逆方向 (n→p) を表している.順方向では印加され

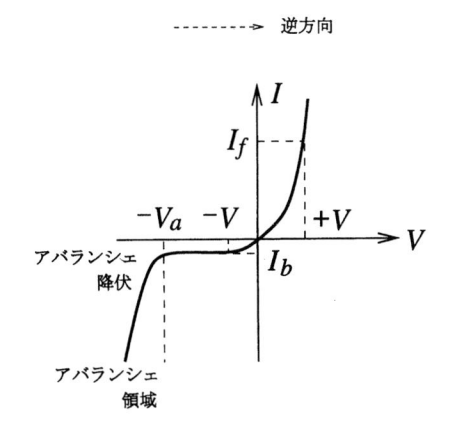

図 1.3 電力用ダイオードの記号と電圧-電流特性

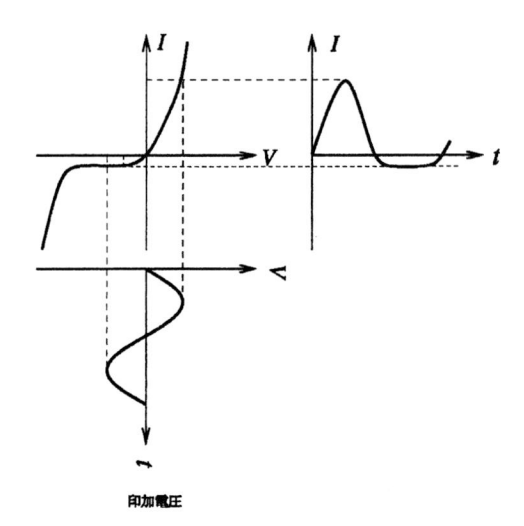

図1.4 電力用ダイオードの動作特性

る電圧に応じて電流がほぼ線形に流れ，逆方向では電圧の印可にもかかわらずほとんど電流が流れない．ただし，降伏電圧を超えると雪崩的に電流が流れ始めるという特性はダイオード特有のものである．

この素子に交流電圧が印加される場合を考える．図1.4は，電力用ダイオードの特性図と入力電圧，出力電圧の関係を時間波形として描いている．入力の時間に依存する動作点が素子の入出力特性を経て出力の動作点に移される関係が理解できる．このように，素子特性を入力を出力に写す関数として見ることで，その動作上の特性が見やすいものとなる．

特性を数値計算で模擬するための数式表現がある (Ebers-Moll のモデルなどが知られている[2]) が，この特性を忠実に表すことで実験や作図によらず，ダイオードの動作を知ることができる．したがって，検討する現象によっては物性的な特性にまで踏み込んだ特性の表現が必要となる場合もある．一方では，スイッチ動作を表現するだけのために，0と1の関数値で表現することで十分な場合もある．

1.2.2 パワートランジスタ

電子デバイスのトランジスタ同様に pnp または npn 接合構造をもったデバ

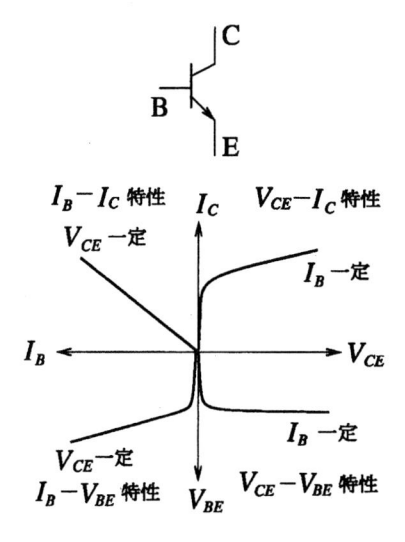

図 1.5 パワートランジスタの記号と特性図

イスである．図 1.5 にエミッタ接地の場合のトランジスタの特性図を示す．4 象限の特性はそれぞれ固定するパラメータが異なる．この特性図のうち，第 1 象限の V_{CE}-I_C 特性がトランジスタの増幅特性，スイッチング特性双方に重要となる（一般にトランジスタの特性を等価回路で扱うときには h パラメータが使用されるが，これはこの特性図の固定したパラメータに対する傾きを与えている）．スイッチング特性の理解を容易とするために増幅特性についてまず説明する．

a. トランジスタの増幅特性　　トランジスタの増幅特性は図 1.6 のエミッタ接地回路において，C_1 の閉回路の電圧，電流特性が重要となる．この回路の増幅動作のスタートとなる動作点が，C_1 のキルヒホッフの電圧則と特性曲線の交点で決まる．すなわち $I_B=I_{B2}$ ならば点 P が動作点となる．

この動作点からトランジスタのベース側の (V_{BE}, I_B) に若干の変動を加える．すると，出力回路のキルヒホッフの電圧則の直線が若干変わるが，ほぼ同じ直線となる．その結果，図 1.6 の特性図に示すように，ベース側の変動 $\varDelta V_{BE}$，$\varDelta I_B$ に対して出力変動 $\varDelta V_{CE}$, $\varDelta I_C$ が得られ，電流および電圧が増幅される．

b. トランジスタのスイッチング特性　　図 1.6 の回路と同一の回路で，次

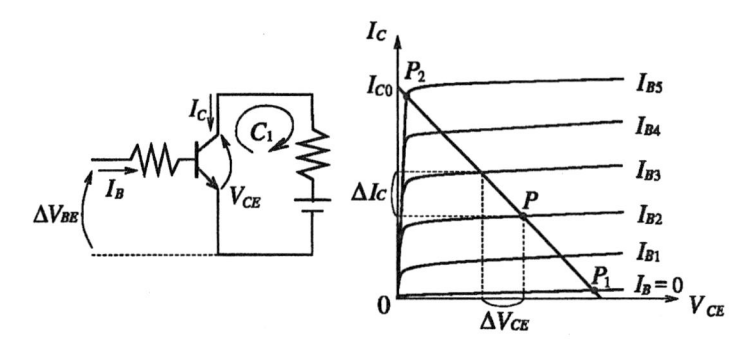

図1.6 パワートランジスタの増幅特性

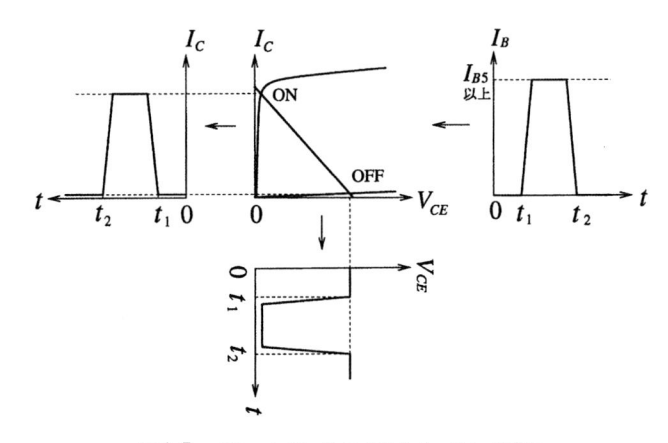

図1.7 パワートランジスタのスイッチング特性

の2つの動作点を考える．1つは $I_B=0$ のときの P_1，他は $I_B=I_{B5}$ のときの P_2 とする．このとき，P_1 では V_{CE} は印加されているが $I_C=0$ で，回路は遮断された状態である．一方，P_2 では，$I_C=I_{C0}$ で $V_{CE}\cong 0$ で，完全導通状態となる．もし，この2つの動作点の間を瞬時に切り替えることができればトランジスタをスイッチとして機能させることができる．これは，ベース電流に矩形波電流を入れることで可能となる．図1.7にその例を示す．このような動作点間を通過する時間においては，両方の変量 V_{CE} と I_C が共に0とはならない．このとき，$V_{CE}I_C \neq 0$ となるため電力が消費される．これがスイッチング損失である．つまり，トランジスタはスイッチとして機能するけれど，その動作には損失が伴う．高速のスイッチングを繰り返すと1回ごとの損失が微小でも，総量とし

て大きな損失を生むことになる(トランジスタをスイッチとして使用するときにもヒートシンクを使用して放熱を図る対策が取られる).

1.2.3 サイリスタ

サイリスタは主として電力変換にのみ使用されるスイッチング素子である.その構造は pnpn 接合構造を有している.図1.8に構造および記号表現を示す.また,サイリスタの電圧-電流特性を図1.9に示す.アノード(A)-カソード(K)間電圧を V_{AK} で与え,流れる電流をアノード電流 I_A とする.ゲート(G)の電流 I_G が加わらない状態では,一定の印加電圧が加わるまで I_A は流れない.しかし,ブレークオーバー電圧を超えると一挙に I_A の導通が生じる.その際に順方向では V_{AK} がほとんどなくなるが,逆方向ではアバランシェ降伏電圧 V_{a0} が残る.この特性をもった素子にゲート電流 I_G を流すと,ブレークオーバー電圧が低下する.つまり低い電圧 V_{AK} で導通する.これを利用してサイリスタをスイッチとして導通させることができる.サイリスタも電流駆

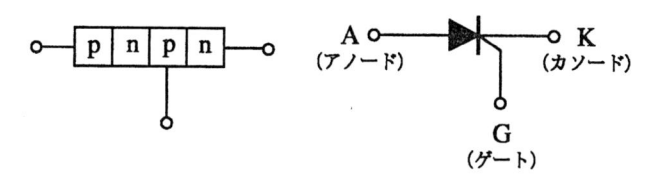

図1.8 サイリスタの構造と記号

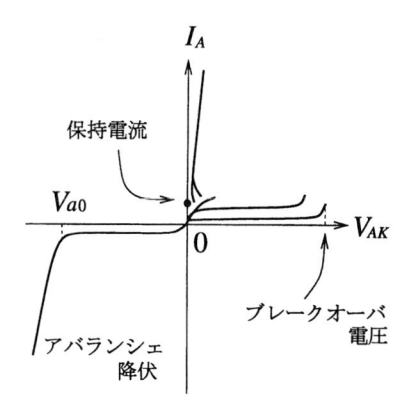

図1.9 サイリスタの構造図

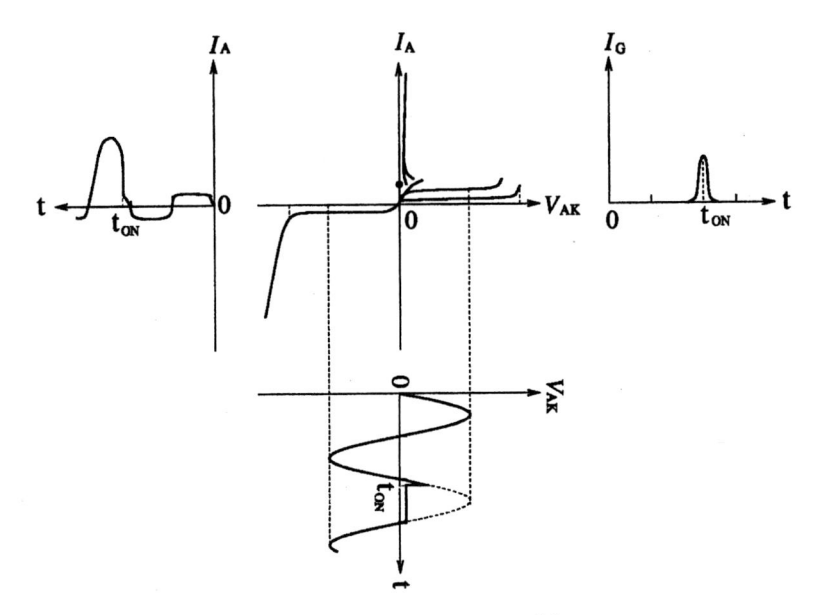

図1.10 サイリスタのスイッチ動作

動素子である．一方，スイッチを切ろうとして I_G を小さくしても導通状態は解除されず，保持電流が流れ続ける．つまり導通状態が続く．特性図の性質を利用して V_{AK} に逆電圧を印可すると，遮断状態に移行する．これがサイリスタの扱いにくさと考えられるが，サイリスタには構造上耐圧が高いという利点があるため，他の素子に取って変わられるまでには至っていない．

図1.10にスイッチ動作をさせた場合のサイリスタの動作を示す．ゲート電流が0の場合には，双方向に電流がブレークオーバー電圧まで遮断されるが，ゲート電流が加えられると，順方向のブレークオーバー電圧が下がり，導通を開始する．図1.10は，交流電圧に対してある位相でゲート電流を加えた場合の導通・遮断動作を示している．これより，サイリスタは電流駆動型の素子であることがわかる．

1.2.4 MOSFET

MOSFET (power Metal Oxide Semiconductor Field Effect Transistor) は，キャリアの蓄積効果をスイッチングに使用せず静電誘導効果を用いている

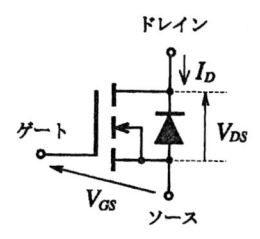

図1.11 MOSFETの素子

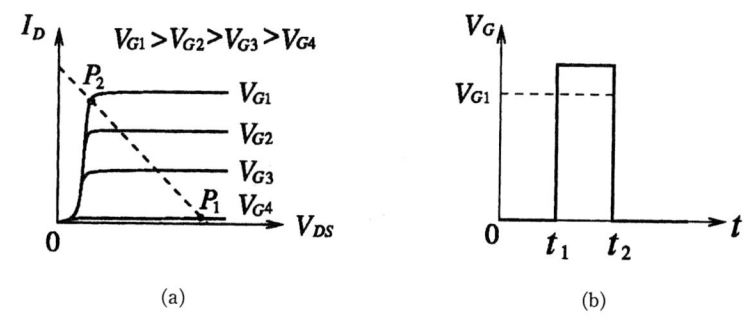

図1.12 MOSFETの動作特性とスイッチング

ため,高速のスイッチングが可能な素子である.図1.11にMOSFETの記号を示す.MOSFETは構造上,ダイオード(このダイオードをフリーホイーリングダイオードという)を内蔵した構成となっている.

図1.12(a)にドレイン-ソース間電圧(V_{DS})に対するドレイン電流(I_D)の特性を示す.トランジスタのベース電流に相当するゲート電圧によって,導通状態におけるI_Dの量が制御できる.このMOSFETをスイッチ素子として使用するためには,ゲート電圧を図1.12(b)のようにパルス状に印加する.印加電圧が0からV_{G1}を超えると,動作点はP_1からP_2に移動する.逆に,ゲート電圧を切ると,動作点はP_2からP_1に移動し,遮断状態となる.このようにMOSFETは電圧駆動素子である.したがって,素子は論理回路出力を光絶縁素子(フォトカプラ)等を介して直接駆動することができる.

〔最近の素子〕
IGBT Insulated Gate Bipolar Transistor (IGBT) は,主回路にトランジスタ構造,ゲート回路にMOSFET構造を有する複合素子で,トランジスタの高耐圧

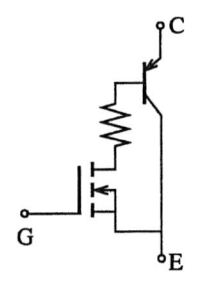

図 1.13 IGBT の構造

な特性を電圧駆動素子として利用することを目的として開発された．素子の構造は図 1.13 のようになっている．

GTO　Gate Toun-Off Thyristor (GTO) は，ゲート電流を制御することにより，主回路電流をオフすることを可能にしたサイリスタである．そのターンオン動作は，通常のサイリスタと同様である．

1.3 スイッチ素子を含む回路の動作

電力変換回路の主回路部分には，スイッチ素子以外に通常の回路素子である，抵抗，インダクタンス，キャパシタンスがある．スイッチを含む回路の動作は，スイッチのモード(状態)数だけの回路状態が動作に応じて切り替わると考えればよい．したがって，スイッチ動作が生じるごとに回路状態は過渡状態になる．回路の時定数がスイッチ動作の生じる時間に比べて短いときは，スイッチは理想的なスイッチとして考えることができるが，逆に長いときは過渡状態を考慮する必要がある．

1.3.1 スイッチングによる過渡状態

簡単な例を用いて，スイッチの切替りに応じて回路状態(トポロジー)が替わる場合について考える[3,4]．

〔例 1.2〕 図 1.14 は，直流モータを駆動する直流電力変換回路の等価回路である．直流モータの特性をインダクタンス，抵抗，直流電源で表している．図 (a) はスイッチを接点型のスイッチで表現しているが，このスイッチを半導体スイッチとする．図 (b) は，スイッチがオンの状態の等価回路であり，図 (c) はスイッチがオフの状態の等価回路である．スイッチがオン状態では過渡的に

1.3 スイッチ素子を含む回路の動作

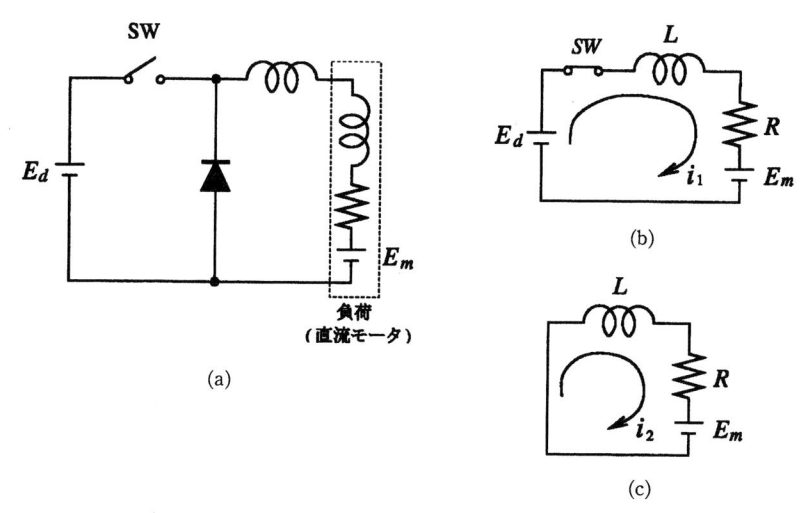

図 1.14 直流電力変換の例

$$L\frac{di_1}{dt}+Ri_1+E_m=E_d \tag{1.1}$$

で状態が変化する．一方，スイッチがオフ状態では

$$L\frac{di_2}{dt}+Ri_2+E_m=0 \tag{1.2}$$

で変化する．したがって，負荷電流を i と表すと回路の状態は

$$\begin{cases} L\dfrac{di_1}{dt}+Ri_1+E_m=E_d & (SW:\text{ON}) \\ L\dfrac{di_2}{dt}+Ri_2+E_m=0 & (SW:\text{OFF}) \end{cases} \tag{1.3}$$

に従う．このように，パワーエレクトロニクスによる電力変換回路は，このような状態の切替えに伴う過渡状態を有効に利用している．

1.3.2 スイッチ動作に伴う共振状態

前項の直流変換回路の負荷がインダクタンス，キャパシタンス，抵抗からなる直列共振回路の場合を考える[4,5]．この場合も同様に，スイッチングの状態ごとの過渡状態を検討する必要があるが，スイッチングの周波数に応じて直列共振回路のアドミタンスが変化する．オン状態における回路方程式は

$$\frac{d^2v_c}{dt^2}+\frac{R}{L}\frac{dv_c}{dt}+\frac{1}{LC}v_c=\frac{E_d}{LC} \tag{1.4}$$

で与えられる．このとき，スイッチング周波数を共振回路の共振周波数に合わせると，直列共振回路の周波数特性のバンドパス特性により，スイッチングによる電圧の矩形波形が正弦波に近づく．このように，電力変換回路の負荷によってはそのスイッチングにより，共振が発生することがある（半導体の漂遊容量などにより，スイッチングに高周波の共振が伴うことがある．これらはスイッチの不安定動作を引き起こす場合もあるため，注意を要する）．また，このような共振をあえて発生させることにより，スイッチング時のノイズを低減したり，波形を整形する電力変換法が，共振型の電力変換器に使用されている．

〔例1.3〕 スイッチを含む LRC 回路の挙動について解析する．図1.15の回路方程式は式 (1.4) を解析すればよい．初期条件 $i(0)=0$, $v_c(0)=V_{c0}$ の下でスイッチを入れた場合について，キャパシタンス両端の電圧変化について解析する．

$\alpha = \dfrac{R}{2L}$, $\omega_0 = \dfrac{1}{\sqrt{LC}}$ とすると回路方程式は，

$$\frac{d^2 v_c}{dt^2} + 2\alpha \frac{dv_c}{dt} + \omega_0^2 v_c = \omega_0^2 E_d \tag{1.5}$$

となる．これは回路が典型的な2次振動系であることを示している．この回路は固有振動数

$$s = -\alpha \pm \sqrt{\alpha^2 - \omega_0^2}$$

を有している．$\omega_0 > \alpha$ のとき s は複素数となり，実部が負であることから減衰振動を生じる．一般解は

$$v_c = e^{-\alpha t}(A \sin \omega_d t + B \cos \omega_d t) + E_d \tag{1.6}$$

ただし，$\omega_d = \sqrt{\omega_0^2 - \alpha^2}$, $\omega_0 \neq \omega_d$ である．初期条件より，

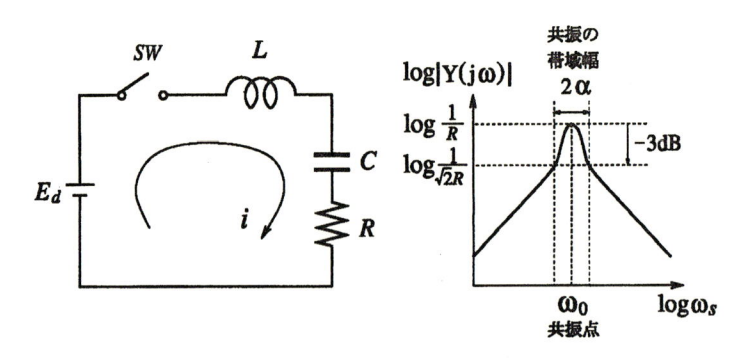

図1.15 直列共振回路を接続した直流変換回路と共振回路のアドミタンス特性

1.3 スイッチ素子を含む回路の動作

$$A = \frac{\alpha(V_{c0} - E_d)}{\omega_d}, \quad B = V_{c0} - E_d$$

となることから

$$v_c = (V_{c0} - E_d)e^{-\alpha t}\left(\frac{\alpha}{\omega_d}\sin \omega_d t + \cos \omega_d t\right) + E_d \tag{1.7}$$

が得られる.

1.3.3 スイッチング波形と高調波

電力変換回路では，電圧または電流を半導体スイッチによって断続的な波形とすることにより，時間平均的に負荷に希望の電圧，電流を生じさせていることを既に述べてきた．一定電圧または一定電流をスイッチングで断続すると，その波形は理想的には方形波列となる．方形波をフーリエ解析するとわかるように，その中には多くの調波成分が含まれる．スイッチングによる波形の急激な変化があれば，必ず出力したい波形の他に高調波が生じる．図1.16に，方形波電流が含有する高調波を示している．この高調波は，電力変換回路の入力側および出力側双方に現れるため，電力変換回路の使用の際には，その処理が問題になる．

高調波への対応法には次の2つがある．第一は高調波を吸収するフィルタ回路，装置を取り付ける方法であり，第2は高調波を出さないように電力変換方

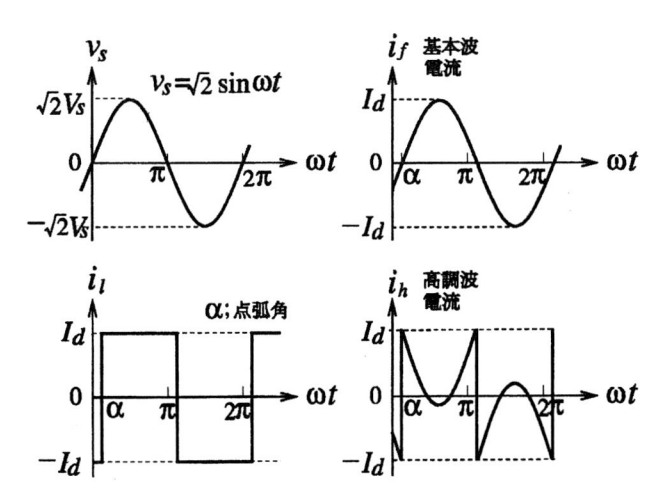

図1.16 スイッチング波形と高調波

式を工夫することである．多くの場合，電力変換回路の出力側では第一の方法により，不要な高調波が負荷に害を与えないようにフィルタを設けている．フィルタには高調波周波数を成分に対してインピーダンス的に短絡回路を構成して出力させないLCフィルタと，高調波に対して逆相の高調波を出力して相殺するアクティブフィルタとがある．このうち後者は電力変換回路による制御型の電圧，電流源を用いており，パワーエレクトロニクス機器の1つである．また，前節で述べた共振回路を用いて，電圧，電流が小さい状態でスイッチングを行えば，発生する高調波が抑制される．このようなスイッチング法をソフトスイッチングという．これについては後の章で詳細に説明する．

Tea Time

現在電力システムでは，交流による送電がなされている．19世紀にエジソンの直流発電技術をニコラ・テスラによって開発された交流発電技術がシステムの拡張性で凌駕して以来，同期発電機の同期性を利用したシステムの拡張がなされてきた．ところが，最近まで電力を動力として自由に使用するには直流モータが主として用いられていたため，交流を直流に変換する技術が不可欠であった．このような状況が電力変換技術の開発のモチベーションになった．

ところが交流送電技術においても種々の技術的に困難な点があり，再び直流送電が着目されている．これは直流では有効電力だけを送電できるからである．このようなシステムが日本でも海外でも導入されつつある．この技術が可能になったのは，サイリスタなどの電力変換機器による交流・直流変換が高電圧・大容量でも安定になったことによる．

このように，一度は捨て去られた直流送電技術がパワーエレクトロニクス技術によって再び脚光を浴びることになったということは興味深い．

また，同様に，テスラが目指したといわれる高周波の電力空中送電が，最近マイクロ波送電として研究開発されていることも興味深い．

パワーエレクトロニクス技術は電力技術とデバイス技術に支えられて，新たな技術分野の可能性を生み出していると同時に，環境技術の1つとして脚光を浴びつつある．

演 習 問 題

1.1 パワートランジスタをスイッチ素子として使用する．そのとき，スイッチング損失の発生原因は，動作点がトランジスタの能動領域を通過するためである．

ベース電流に矩形電流を流したとき，コレクタ-エミッタ間電圧とコレクタ電流の変化から損失を計算する方法について説明せよ．

1.2 サイリスタは pnpn 接合された半導体素子であるが，これは pnp と npn の 2 つのトランジスタが接続された素子と考えることができる．その等価回路を用いて，サイリスタの動作を定性的に説明せよ．

1.3 例 1.3 の解を導け．

1.4 $+E$ から $-E$ に振れる周期 T の方形波電圧源がある．この電圧に含まれる基本波成分と高調波成分をフーリエ解析によって求めよ．また，この電圧源にインダクタンス L を接続する．このとき流れる電流を求め，その基本波成分と高調波成分を算出せよ．

参 考 文 献

1) 電気学会半導体電力変換方式調査専門委員会編：半導体電力変換回路，電気学会，1987
2) 牛田明夫，森 真作：非線形電気回路の数値解析法，森北出版，1987
3) 宮入庄太：基礎パワーエレクトロニクス，丸善，1989
4) J. G. Kassakian, M. F. Schlecht & G. C. Verghese : Principles of Power Electronics, Addison-Wesley, 1991. 赤木泰文他訳：パワーエレクトロニクス，日刊工業新聞社，1998
5) S. Hayashi : Periodically Interupted Electric Circuits, Denki-Shoin, 1961

2. 交流・直流変換器回路の基本動作

本章は,交流・直流変換器回路の基本動作について説明する.交流・直流変換は,大きく2つの動作に分けられる.1つは,交流から直流への変換を行う「整流動作」である.この動作を行う装置を整流器(rectifier;順変換器ともいう)という.もう1つは,直流から交流への変換を行う「インバータ動作」である.この動作を行う装置をインバータ(inverter:逆変換器ともいう)という.

このような動作を行わせることが可能な回路には様々なものがあるが,使用する半導体スイッチ素子の特性に基づいて大まかに3つに分類できる.すなわち,

1. ON/OFF制御ができないダイオード素子
2. ONのみ制御できるサイリスタ素子
3. ON/OFFともにできる自己消弧素子(トランジスタ,FET,GTO等)

の3つの分類に従って変換器の動作の特徴を見ていく.

2.1 ダイオード整流器

2.1.1 ダイオードブリッジ整流回路

実際によく用いられるダイオード整流回路は図2.1のような複数のダイオード素子を組み合わせたブリッジ回路である.図2.2はその動作波形である.

〈特徴〉 ダイオード素子は外部の制御回路の必要なしに「整流動作」を行う.小型で長寿命.信頼性の高い回路である.

2.1 ダイオード整流器

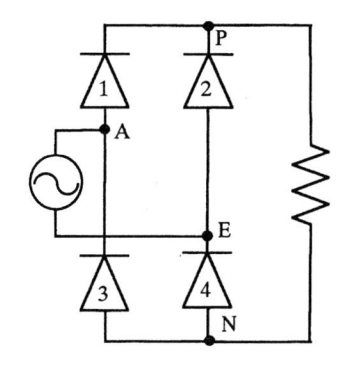

図2.1 ダイオードブリッジ回路

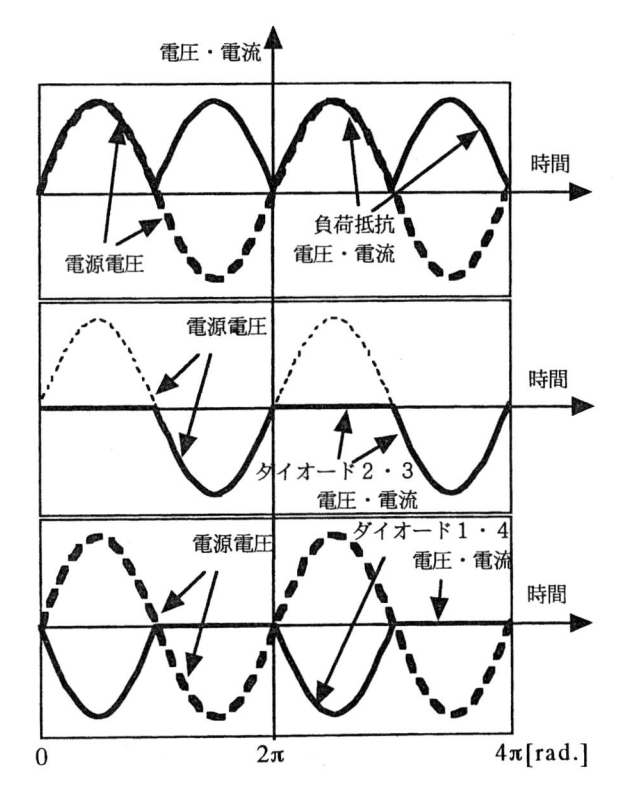

図2.2 ダイオードブリッジ回路の各部の電圧・電流波形

〈用途〉 一定電圧の直流電源を使用する回路でよく用いられる．多くの家庭用電化製品，電池への充電回路，いわゆるACアダプタなどがその用途の一例

である．この回路では，いつ，どのダイオードが導通し，どのダイオードが不導通であるかを判定することが設計者にとって必要になる．図2.1のように直流側に負荷抵抗（たとえば，白熱電球）が接続された場合を考える．電源電圧が正の場合，どのダイオードが導通するであろうか．負の場合はどうか．

ダイオードが導通する条件はダイオードに掛かる電圧が順方向の場合である．しかし，ブリッジ回路では複数のダイオードがあるため，どのダイオードに順方向電圧が掛かっているかを見極めることは難しい．

〔例2.1〕 導通（オン）しているダイオードを調べる方法

(a) 電源電圧の正の半周期
1. ダイオード1に順方向に電圧が掛かっていると仮定し，ダイオード1が導通したものとする．
2. ダイオード1が導通すると電源のA端子の電位が直流側P端子に現れる．その結果，ダイオード2にはA端子の電位とE端子の電位の差が掛かる．
3. 2の状態はダイオード2にとって逆電圧であるから，ダイオードは不導通でなければならない．
4. 一方，ダイオード3と4に掛かる電圧はN端子の電位が確定しなければわからない．もし，ダイオード1が導通し，ダイオード3と4が不導通であれば，負荷抵抗での電圧降下が起こらないのでN端子はP端子と同電位でなければならない．
5. 4の状態でダイオード3の両側の電位はA端子と同じとなり，電位差がゼロなので導通・不導通の判定ができない．実際は電位差がゼロでは導通状態とならないので，このときはダイオード3は不導通と判定できる．
6. 一方，ダイオード4にはA端子とE端子の電位差が順方向に掛かり，導通状態と判明する．
7. ダイオード4が導通すると，N端子はE端子と同電位となり，負荷抵抗に電流が流れて，その電圧降下は電源電圧と同じ大きさになる．
8. 同時に，ダイオード3には逆電圧が掛かり，ダイオード3が不導通という判定が妥当であることがわかる．
9. 結果として，最初にダイオード1が導通状態にあるとした仮定も妥当であると判断できる．

(b) 電源電圧の負の半周期
1. ダイオード1に順方向に電圧が掛かっていると仮定し，ダイオード1が導通したものとする．
2. ダイオード1が導通すると電源のA端子の電位が直流側P端子に現れる．

その結果，ダイオード 2 には A 端子の電位と E 端子の電位差が掛かる．
3. 2 の状態はダイオード 2 にとって順電圧となり，ダイオード 2 は導通する．
4. ダイオード 2 が導通すると電源の E 端子の電位が直流側 P 端子に現れ，ダイオード 1 には A 端子の電位と E 端子の電位差が掛かる．
　このときダイオード 1 は逆電圧となるので，ダイオード 1 は不導通でなければならない．
5. すなわち，最初にダイオード 1 が導通するとした仮定と矛盾し，仮定は棄却される．
6. さらに (a) と同様にダイオード 3 と 4 に掛かる電圧を検討すると，ダイオード 3 と 4 が不導通であれば，N 端子は P 端子，すなわち E 端子と同電位でなければならない．
7. 6 の状態で，ダイオード 3 の両側には E 端子と A 端子の電位差が順方向に掛かり，導通状態と判断できる．
8. ダイオード 3 が導通すると，N 端子は A 端子と同じ電位となり，負荷抵抗には電流が流れて，その電圧降下の大きさは電源電圧と同じになる．
9. 同時に，ダイオード 4 には逆電圧が掛かるようになり，ダイオード 4 は不導通状態となる．
10. 結果として，この場合はダイオード 2 と 3 が導通する．

1 つの端子にダイオードやスイッチ素子が複数個接続されている場合にどの素子が導通するかを判定するとき，このように，ある素子が導通したと仮定して他の素子に掛かる電圧を検討していくことが有効な手段となる（このような複数のスイッチ動作の順位付けは，シミュレーションにおいて重要な課題である）．

次に，このダイオードブリッジ整流器の出力について検討する．

〔例 2.2〕 ダイオードブリッジ整流器の電圧・電流・電力の関係の導出
　直流側抵抗負荷に掛かる平均電圧・電流・電力を計算する．まず，交流電源電圧を次のように与える．

$$v_{ac} = E \sin \omega t = E \sin \theta, \quad E = \sqrt{2}\, V_{ac}$$

このとき直流側平均電圧は

$$V_{dc} = \frac{2}{2\pi}\int_0^\pi v_{ac} d\theta = \frac{1}{\pi}\int_0^\pi (E \sin \theta) d\theta = \frac{1}{\pi}[-E \cos \theta]_0^\pi = \frac{1}{\pi}E[-\cos \pi + \cos 0]$$

$$= \frac{2}{\pi}E = \frac{2\sqrt{2}}{\pi}V_{ac} = 0.900\, V_{ac} \tag{2.1}$$

同様に直流電流の平均値は，

$$I_{dc} = \frac{1}{\pi}\int_0^\pi \left(\frac{E}{R}\sin\theta\right)d\theta = \frac{2\sqrt{2}}{\pi}\frac{V_{ac}}{R} = 0.900\frac{V_{ac}}{R} \tag{2.2}$$

となる．一方，平均電力は

$$P_{dc} = \frac{1}{\pi}\int_0^\pi (v_{dc}\cdot i_{dc})d\theta = \frac{1}{\pi}\int_0^\pi \left(\frac{E^2}{R}\sin^2\theta\right)d\theta = \frac{1}{\pi}\frac{E^2}{R}\int_0^\pi \left(\frac{1-\cos 2\theta}{2}\right)d\theta$$

$$= \frac{1}{\pi}\frac{E^2}{2R}\left[\theta - \frac{\sin 2\theta}{2}\right]_0^\pi = \frac{E^2}{2R} = \frac{V_{ac}^2}{R} \tag{2.3}$$

となり，交流側に抵抗負荷 R が接続されている場合と等しい．しかし，平均電圧と平均電流の積にはならないことに注目する必要がある．一般に，脈動する電圧・電流を扱う場合は，平均電圧・電流を用いて電力を計算することができない（典型的な例が交流であり，平均電圧・電流はともにゼロである）．

2.2 サイリスタと電流形変換器の整流器・インバータ動作

〈特徴〉 サイリスタはスイッチオンするタイミングのみ制御可能な素子である．スイッチオフには交流電源電圧による逆バイアスが必要となる．しかし，スイッチオンの制御のための電力は非常に小さくてよいため，制御回路の構成が簡便である．

〈用途〉 直流側の電圧・電流の制御が容易に行えるため，直流モータの速度制御や，直流送電用変換器といった大容量の分野でよく用いられている．また，交流スイッチとして用いることにより，調光装置や無効電力補償装置等に応用されている．

2.2.1 抵抗負荷をもつサイリスタ変換器

図 2.3 にサイリスタ 1 素子に負荷抵抗が接続された整流回路を示す（GPC：Tea Time 参照）．図 2.4 に各部の電圧・電流波形を示す．ダイオードと異なり電源電圧が正になってもサイリスタは導通しない．電源電圧が正になってから一定時間後にゲート信号を入れると，サイリスタは導通し，その後は電源電圧に比例した波形が現れる．ダイオードの場合と見比べてみると，サイリスタでは不導通の時間が長くなり，平均電圧・平均電流が小さくなることがわかる．その結果，負荷抵抗での電力消費は減少する．

たとえば，負荷抵抗が白熱電球であったとすれば，その明るさを連続的に落とすことができ，調光が可能となる．調光を行う他の手段としては可変の直列

2.2 サイリスタと電流形変換器の整流器・インバータ動作

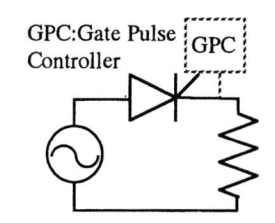

図2.3 サイリスタ整流回路

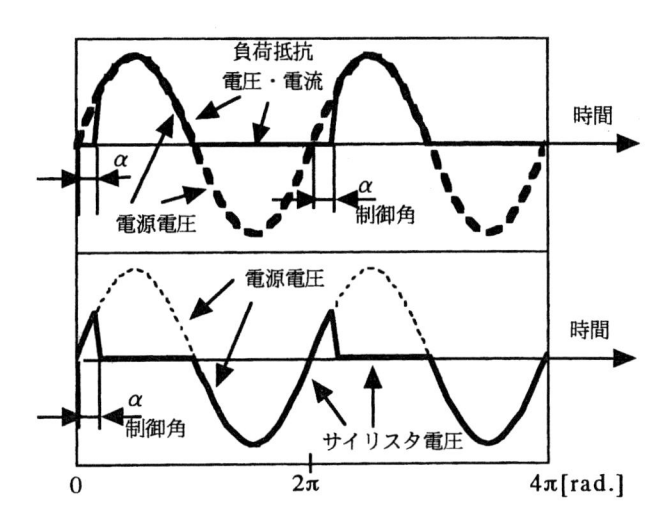

図2.4 サイリスタ整流回路の各部の電圧・電流波形

抵抗を入れたり，変圧比の可変な変圧器を用いる方法があるが，直列抵抗では熱として電力が消費され，変圧器は大きく重くなってしまう．サイリスタ素子を用いれば，小型軽量で余分な電力消費のない調光器が実現できる．

〔例2.3〕 抵抗負荷を負ったサイリスタ変換器の直流電圧・電流・電力

直流側抵抗負荷に掛かる平均電圧・電流・電力を計算する．例2.1と同様，交流電源電圧を次のように与える．

$$v_{ac} = E \sin \omega t = E \sin \theta, \quad E = \sqrt{2}\, V_{ac}$$

このとき，直流側平均電圧は

$$V_{dc} = \frac{1}{2\pi}\left(\int_0^\alpha 0\,d\theta + \int_\alpha^\pi v_{ac}\,d\theta + \int_\pi^{2\pi} 0\,d\theta\right) = \frac{1}{2\pi}\int_\alpha^\pi (E \sin \theta)\,d\theta$$

$$= \frac{E}{2\pi}(1 + \cos \alpha) = \frac{\sqrt{2}}{2\pi} V_{ac}(1 + \cos \alpha) \tag{2.4}$$

$$I_{dc}=\frac{1}{2\pi}\int_{\alpha}^{\pi}\left(\frac{E}{R}\sin\theta\right)d\theta=\frac{\sqrt{2}}{2\pi}\frac{V_{ac}}{R}(1+\cos\alpha) \qquad (2.5)$$

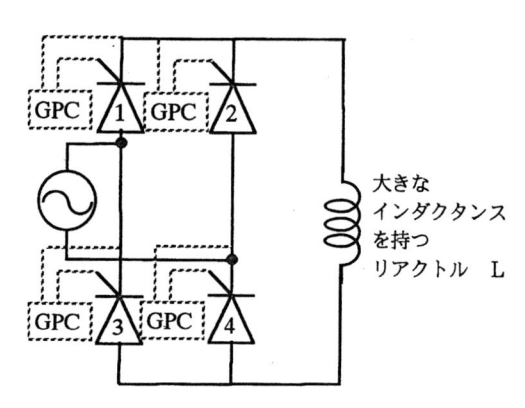

図2.5 サイリスタブリッジ整流回路

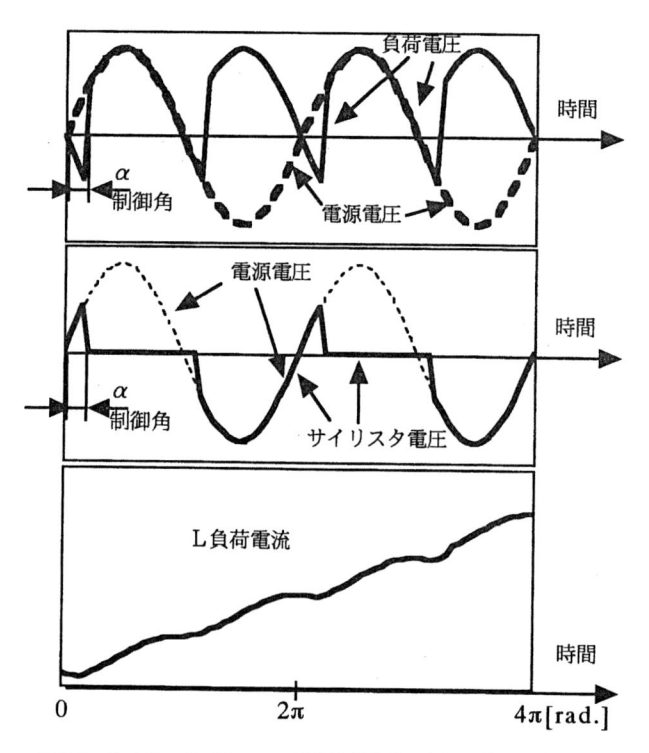

図2.6 サイリスタブリッジの整流器動作時の各部の電圧・電流波形

$$P_{dc} = \frac{1}{2\pi}\left(\int_0^\alpha 0\,d\theta + \int_\alpha^\pi (v_{dc}\cdot i_{dc})d\theta + \int_\pi^{2\pi} 0\,d\theta\right) = \frac{E^2}{4\pi R}\left\{(\pi-\alpha)+\frac{\sin 2\alpha}{2}\right\} \quad (2.6)$$

上式で，$\alpha=0$のときには，ダイオード整流器の結果と等しくなる．

2.2.2 リアクトル負荷をもつサイリスタ変換器

このサイリスタ素子を用いて単相の電源に接続する場合を考える．図2.5のブリッジ回路の直流側の負荷として非常に大きなインダクタンスをもつリアクトルを考える．もし，ゲート電流を流し続けるならば，一度オンした一組(1と4，もしくは2と3)のサイリスタは他の組のサイリスタがオンとなるまで導通し続け，リアクトル電流がどんどん増加していく．負荷とサイリスタ素子の電圧・電流の様子を図2.6に示す．

2.2.3 サイリスタ電流形変換器（直流電流が一定の場合）

図2.7に，リアクトルにある一定電流が流れている状態を考えて，各部の電圧・電流波形を示す．図2.6とは異なり，リアクトル自体の電流はリアクトルのインダクタンスが大きいので，この図に示す時間の範囲内ではまったく変化しない一定電流とみなすことができる．

〔例2.4〕 一定のリアクトル電流が流れているサイリスタ変換器の直流電圧

サイリスタ1, 4もしくは2, 3が導通している期間に直流側に現れる電圧は交流電源電圧波形の位相がαから$\alpha+\pi$までの180度期間である．

$$V_{dc} = \frac{1}{\pi}\int_\alpha^{\pi+\alpha} v_{ac}d\theta = \frac{1}{\pi}\int_\alpha^{\pi+\alpha}(E\sin\theta)d\theta = \frac{E}{\pi}2\cos\alpha = \frac{2\sqrt{2}}{\pi}V_{ac}\cos\alpha \quad (2.7)$$

上式で，$\alpha>\pi/2(90度)$のときには，DC電圧が負になる．これは，電源から電流が出ていくことになり，直流電源側から交流電源へ電力が供給される，いわゆるインバータ動作を行っていることになる．その様子を，図2.7に示す．交流側の電力を計算すると，図2.6と反対の符号になる．

〔例2.5〕 一定のリアクトル電流が流れているサイリスタ変換器の電力

図2.7の入力電力を考える．サイリスタ1, 4が導通している期間とサイリスタ2, 3が導通している期間では同じ電力となるので，サイリスタ1, 4が導通している期間のみを考える．この期間では，一定電流I_Lが流れ，交流電源電圧の位相はαから$\alpha+\pi$までの180度期間である．この期間の平均電力は次の式(2.8)で表される．

$$P_{dc} = \frac{1}{\pi}\int_\alpha^{\pi+\alpha} v_{ac}I_L d\theta = \frac{1}{\pi}\int_\alpha^{\pi+\alpha}(EI_L\sin\theta)d\theta = \frac{E}{\pi}I_L(2\cos\alpha) = \frac{2\sqrt{2}}{\pi}V_{ac}I_L\cos\alpha \quad (2.8)$$

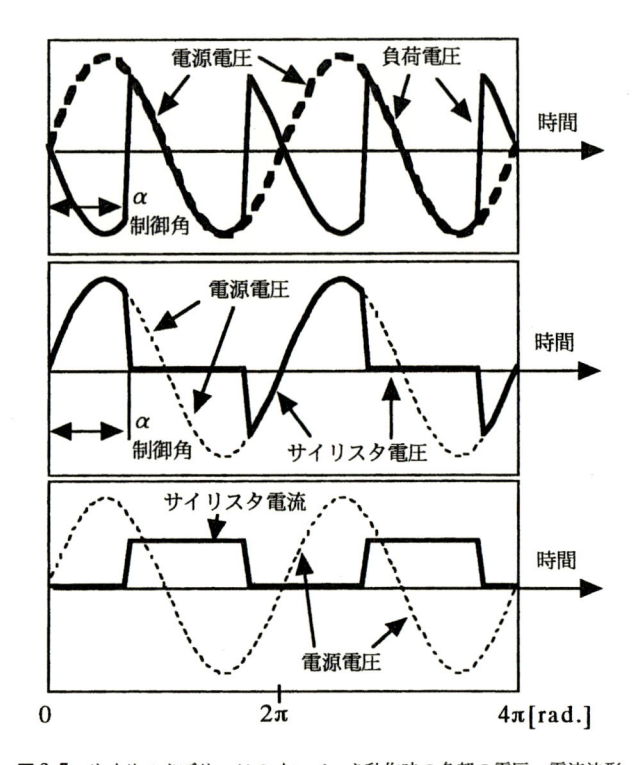

図 2.7 サイリスタブリッジのインバータ動作時の各部の電圧・電流波形

この式で α が 90 度から 180 度の間では P_{dc} は負となり，電力が交流側に流入していることになる．

図 2.6 の整流器動作の場合について考える．L の電流 I_L は一定ではないものの，符号は正のままである．もし，この電流 I_L が一定であるとすれば，電力の式は式 (2.8) と同じになる．α の範囲が 0 度から 90 度の間となり，P_{dc} は正で図 2.7 と反対の符号になる．このとき電力は交流側から出て，直流側へ流入していることになる．

2.3 自己消弧素子を用いた電圧形変換器のインバータ動作

〈特徴〉 自己消弧(スイッチの OFF 動作)ができるトランジスタ，GTO，FET，IGBT をスイッチ素子として用いることにより，交流側電源電圧に依存することなく，任意の周波数の交流を発生したり，交流電源との間で電力の流れを自由に決定することができる．

―――― **Tea Time** ――――

ゲート制御回路 (gate pulse controller : GPC)
サイリスタに順方向に電圧が掛かっているとき，ゲートにある値以上の電圧・電流を一定の短い時間掛けてやると，サイリスタは導通し，その後ゲート電圧・電流を取り去っても導通状態を維持し続ける．そこで，サイリスタを用いて電力の制御をするためには，サイリスタに順方向に電圧が掛かる交流の半サイクルにおいて，適当な位相でゲートパルスを発生させる必要がある．そのための回路をゲート制御回路 (gate pulse controller : GPC) という．ここでは最も簡単な例として，変圧器と抵抗分圧器および保護用のダイオードを用いた回路を示す．交流電源側の電圧を変圧器で絶縁して取り込み，抵抗分圧器でゲートに掛かる電圧を調整して，サイリスタがONする位相を制御している．この回路の欠点は位相が0から90度の間でしか制御できないことである．90度から180度の位相制御が必要な場合や，マイコンで制御する場合には，より複雑な回路が必要となる．この制御法の工夫がパワーエレクトロニクス技術にとって重要な要因である．読者の皆さんも独自に考えてみてほしい部分である (図2.8, 2.9).

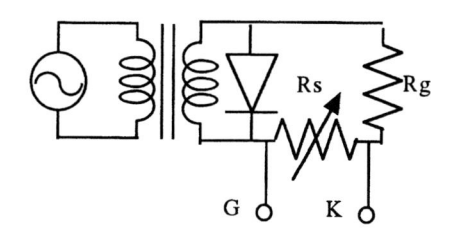

図2.8 サイリスタのゲート制御回路の一例

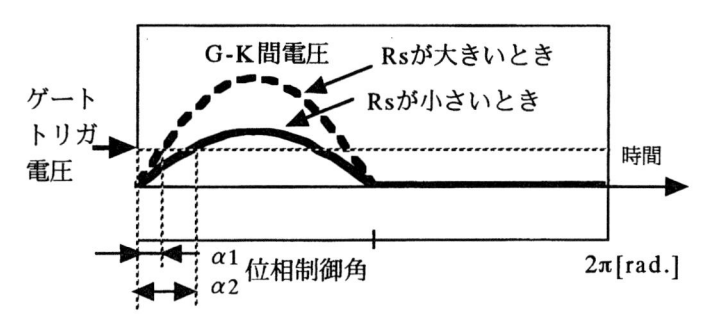

図2.9 サイリスタのゲートトリガ位相の変化の様子

〈用途〉 小型の照明器具・エアコンなどに用いられるインバータ，パソコンなどに接続される無停電電源装置 (UPS) の充電装置およびインバータ装置，などなど，非常に広い分野で用いられている．

サイリスタを用いたインバータの場合には素子が自己消弧（スイッチのOFF動作）ができないため，直流側は電流源としての動作に限られた．その理由は，直流電源の電圧が交流電圧より高い場合はサイリスタに逆電圧が掛からず，サイリスタを流れる電流を減少させてゼロにすることができないためである．サイリスタの代わりに自己消弧素子を用いると直流側は電圧源としての動作が可能になる．本節では，自己消弧素子として NPN 型トランジスタを用いて，この電圧形変換器のインバータ動作を説明する．

2.3.1 電圧形変換器のインバータ動作

直流電圧源から交流電圧を発生させる，いわゆるインバータ動作を行うには，自己消弧（スイッチのOFF動作）可能で，かつ電流を双方向に流せるスイッチ素子が必要となる．トランジスタは一方向にしか電流を流さないが，これを図 2.10 のように逆並列接続することにより，双方向スイッチ素子を実現できる．実際のインバータでは，直流電源電圧の電圧極性は一定方向なので，直流電圧が逆方向に掛かる素子にはトランジスタを使う必要がなく，逆並列のダイオードで代用される．電圧形インバータで逆並列にトランジスタを用いても，ダイオードを用いても同じ結果が得られる（章末問題を参照）．

直流電圧源にトランジスタ電圧形変換器を接続し，交流側に抵抗負荷を用いた場合の回路図を図 2.11 に示す．回路構成としては，ダイオードブリッジ整流回路のダイオードに逆並列にトランジスタを接続したものとなっている．トランジスタ 1, 4 とトランジスタ 2, 3 を交互に同じ時間 ON/OFF させると図

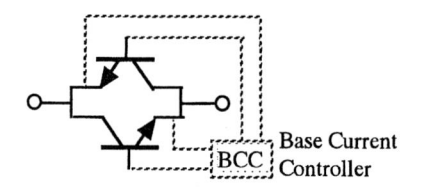

図 2.10　トランジスタ素子を用いた双方向スイッチの回路構成

2.3 自己消弧素子を用いた電圧形変換器のインバータ動作

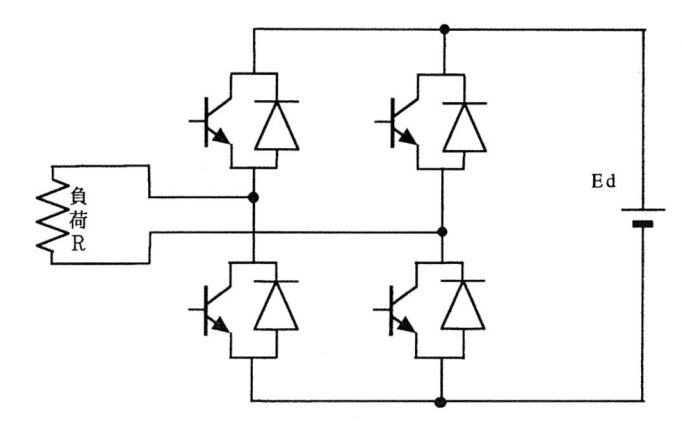

図 2.11 トランジスタ電圧形変換器回路（抵抗負荷への単相インバータ）
ベース電流の制御回路（BCC）は省略している．

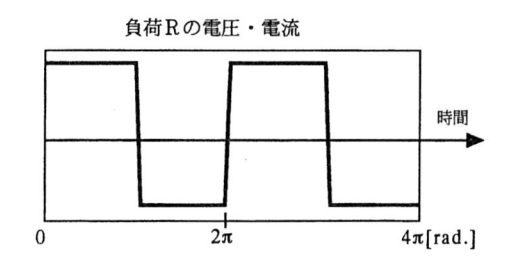

図 2.12 抵抗負荷への単相インバータ動作における出力電圧・電流波形

2.12のような電圧・電流波形が負荷 R に発生する．この波形が方形波であることから，この回路動作を方形波インバータ動作とも呼ぶ．

次に交流側にインダクタンス負荷を用いた場合の回路図を図2.13に示す．方形波インバータとして動作させると図2.14のような電圧・電流波形が負荷 L に発生する．電圧波形は方形波であるが，電流波形はそれを積分した三角波になる．実際の交流負荷は，誘導電動機など，L と R の直列回路と考えられるものが多い．電流波形については次の例題で考える．

自動車のバッテリーから交流電源を得るインバータではこの方形波インバータがよく用いられる．しかし，正弦波との差が大きいため，エアコンや電車の駆動に用いる場合は，パルス幅を徐々に変化させて，より正弦波に近い電流波形を得ることができる正弦波PWM制御が用いられる．この制御法について

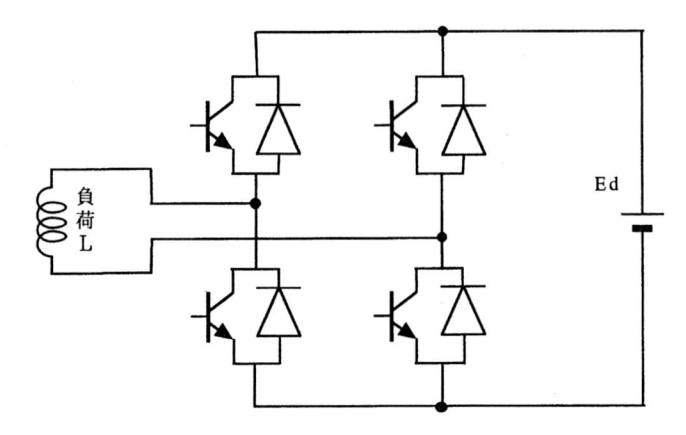

図 2.13 トランジスタ電圧形変換器回路（負荷 L への単相インバータ）
ベース電流の制御回路 (BCC) は省略している．

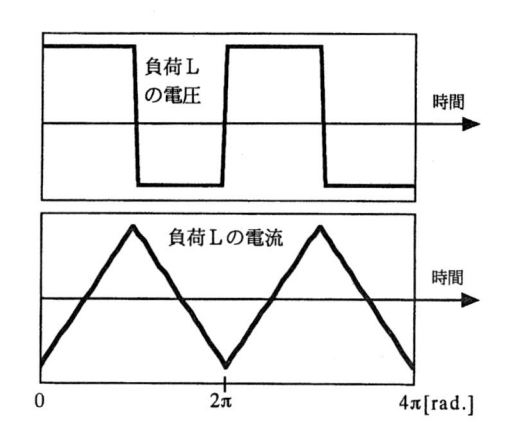

図 2.14 インダクタンス負荷への単相インバータ動作における出力電圧・電流波形

は後述する．

〔**例 2.6**〕 電圧形インバータから負荷 R と負荷 L に供給される電力と電圧

RL 負荷にはスイッチングのたびに Ed から $-Ed$，もしくは $-Ed$ から Ed へステップ変化する電圧が掛かる．それ故，電流は $2Ed$ の電圧変化へのステップ応答となり，Ed/R と $-Ed/R$ の間をなだらかに行き来するような波形となる．半周期ごとの電流の式はスイッチングの瞬間を時刻ゼロとして，$-Ed$ から Ed へステップ変化する電圧変化に対して，負荷の時定数 (L/R) がスイッチング周期より十分小さい場合，近似的に次式で与えられる．

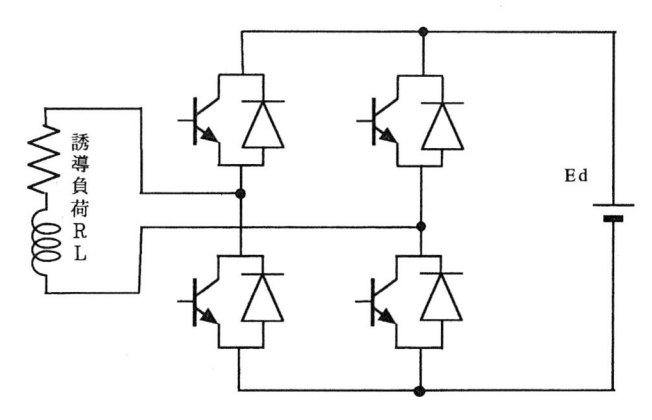

図 2.15 トランジスタ電圧形変換器回路（L-R 負荷への単相インバータ）ベース電流の制御回路（BCC）は省略している．

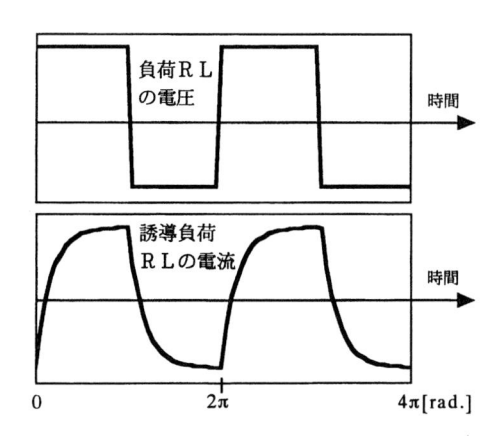

図 2.16 R-L 負荷への単相インバータ動作における出力電圧・電流波形

$$i_{ac} = 2\frac{Ed}{R}\left\{1-\exp\left(-\frac{t}{L/R}\right)\right\} - \frac{Ed}{R} \tag{2.9}$$

回路図を図 2.15 に示す．負荷に流れる電流波形は図 2.16 のようになる．

2.4 三相交流直流変換器

2.4.1 ダイオード整流器

三相半波整流回路を図 2.17 に示す．図 2.17 (a) に示す回路が一般的であるが，図 2.17 (b) に示す回路でも同じ出力が得られる．違いは接地（アース）を

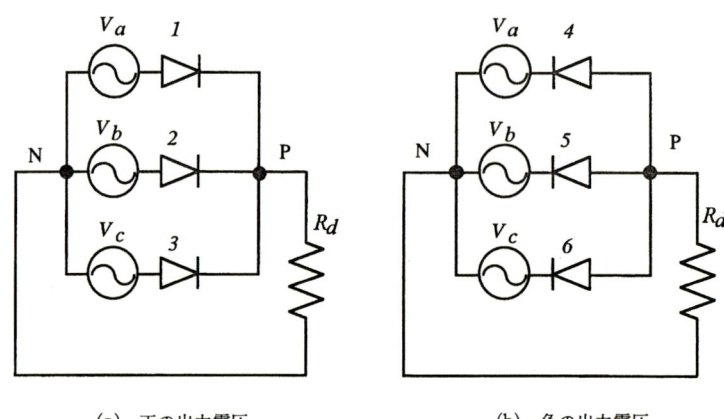

(a) 正の出力電圧　　　　　　　　(b) 負の出力電圧

図 2.17　ダイオード三相半波整流回路

取る場合に負極側 (−) でとるか正極側 (+) でとるか，である．

　三相交流電源電圧と直流側出力電圧の関係を図 2.18 と図 2.19 に示す．相電流がゼロでないときがダイオードの導通期間である．図 2.18 では，a 相に接続されたダイオード 1 は a 相電圧が c 相電圧および b 相電圧より高くなっている間のみ導通している．他のダイオードを見ても，そのダイオードが接続された相の電圧が他の相の電圧より高い間，導通している．結局，この三相半波整流回路は交流側最大電圧の選択回路として動作していることになる．

　図 2.19 では，反対に a 相に接続されたダイオード 1 は a 相電圧が c 相電圧および b 相電圧より低くなっている間のみ導通している．この三相半波整流回路は交流側最小電圧の選択回路として動作していることになる．

　次にこれら三相半波整流回路を組み合わせた 6 相ブリッジ回路の動作を考える．ダイオード三相全波 (6 相) 整流回路を図 2.20 に示す．三相の半波整流回路はリップルが大きく出力は 6 相ブリッジ回路の単純に半分なので，一般的にはあまり用いられない．6 相ブリッジ回路の波形は図 2.21 に示すようにリップルが半波整流回路に比べて半減し，出力は倍増する．ダイオード 1 個当りの出力は前節で見た単相整流回路と同じとなり，リップルが小さいため，大容量が要求される場合によく用いられる．

　〔例 2.7〕　ダイオード三相全波 (6 相) 整流回路の直流電圧

2.4 三相交流直流変換器

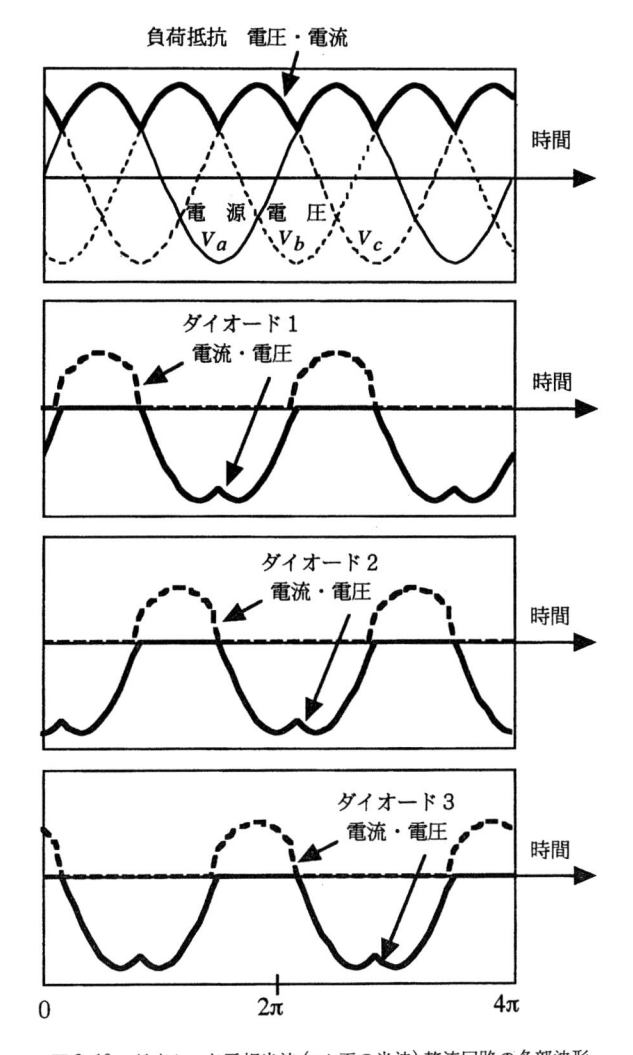

図 2.18 ダイオード三相半波 (a：正の半波) 整流回路の各部波形

交流電源電圧を次のように与える．
$$v_{ac}=E\sin\omega t=E\sin\theta, \qquad E=\sqrt{2}\,V_{ac}$$
直流電圧は電源電圧の最も高い部分の 1/6 サイクル期間の平均値となるので，
$$V_{dc}=\frac{6}{2\pi}\int_{\pi/3}^{2\pi/3}v_a d\theta=\frac{3}{\pi}\int_{\pi/3}^{2\pi/3}(E\sin\theta)d\theta$$

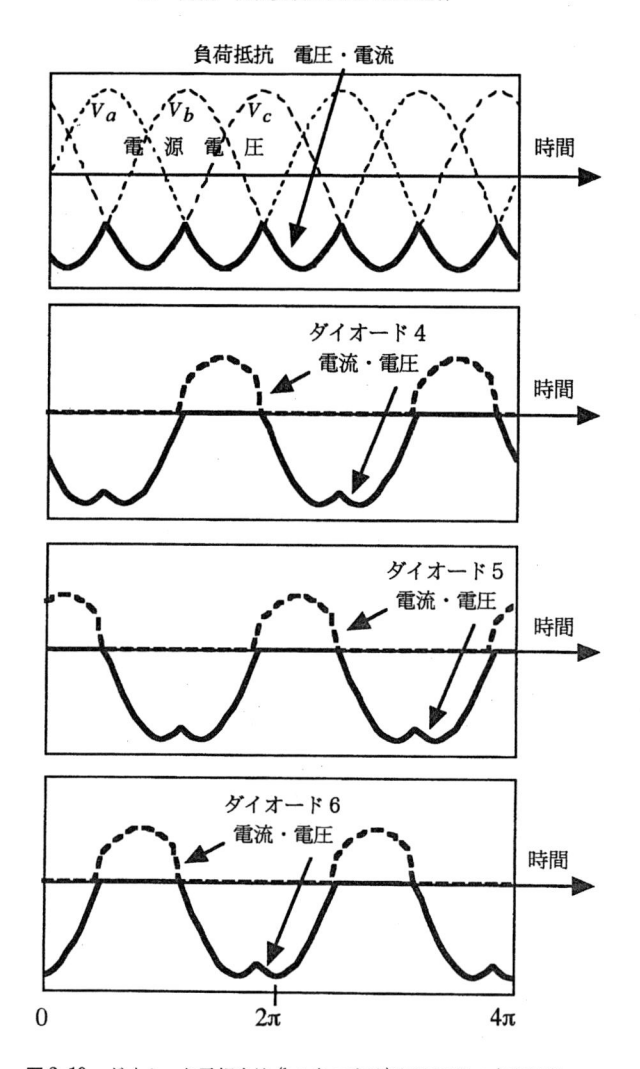

図 2.19 ダイオード三相半波(b：負の半波)整流回路の各部波形

$$=\frac{3}{\pi}E=\frac{3\sqrt{2}}{\pi}V_{ac} \tag{2.10}$$

直流電流の平均値は，

$$I_{dc}=\frac{3}{\pi}\int_{\pi/3}^{2\pi/3}\left(\frac{E}{R}\sin\theta\right)d\theta=\frac{3\sqrt{2}}{\pi}\frac{V_{ac}}{R} \tag{2.11}$$

となる．

2.4 三相交流直流変換器

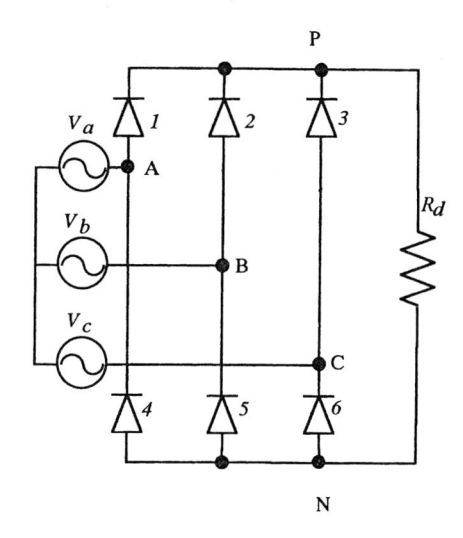

図 2.20　ダイオード三相全波 (6 相) 整流回路

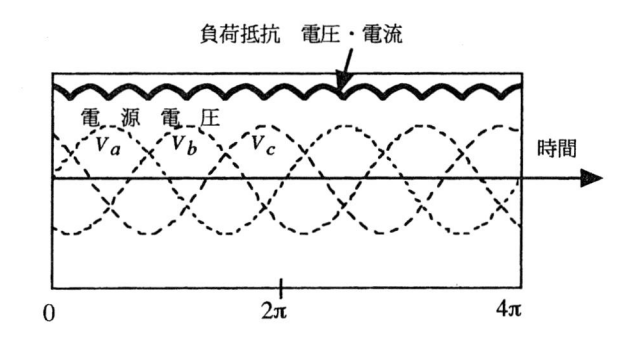

図 2.21　ダイオード三相全波 (6 相) 整流回路の交流電源電圧と直流出力電圧波形

2.4.2　サイリスタ電流形変換器による直流モータの駆動

モータ駆動を行う場合，1 kW 程度以上のモータに対しては三相交流電源から電力が供給される．

まず，エレベータなどで用いられる直流モータの駆動電源をサイリスタ素子で構成する場合を考える．数十 kW の直流モータのもつ電機子巻線インダクタンスは比較的大きく，短時間 (電源周期の数サイクル程度) では一定電流が流れていると考えてよい．サイリスタ素子のゲート信号のタイミングを制御し

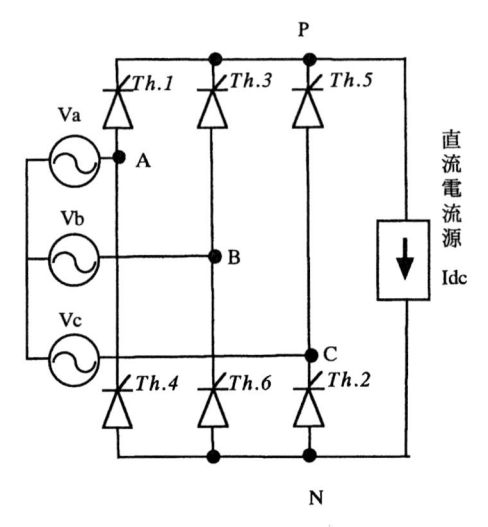

図 2.22 サイリスタ 6 相変換回路
直流側を理想的な電流源で表した場合

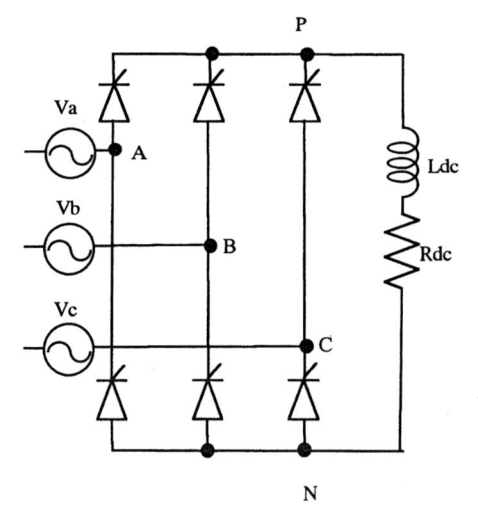

図 2.23 サイリスタ 6 相整流回路
直流側が誘導負荷の場合

て直流電圧を変化させた場合，その上下に応じて過渡状態を経て，直流モータの電機子巻線電流も上下する．直流モータのトルクは電機子巻線電流に比例す

2.4 三相交流直流変換器

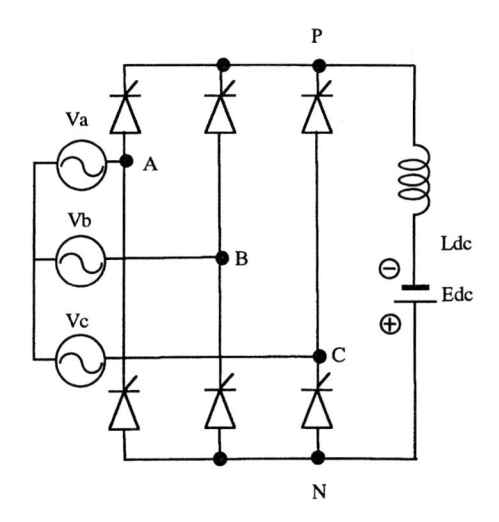

図2.24 サイリスタ6相インバータ回路
直流側に電圧源がある場合

るので，直流電圧によってモータのトルクを制御し，エレベータの速度を制御することができる．

次に，このときの直流電圧の制御がどのようになされるかについて述べる．

直流モータを誘導負荷とみなすと変換器の回路は図2.22のようになる．一般的に直流モータの回路時定数 L/R は電源の周期に比べて長いので，数周期程度の短時間においては直流側電流はほとんど一定と考えてもよい．そこで，直流側を定電流源とみなして，図2.23の回路について見てみよう．電流形変換器の場合，直流側電流は途切れることなく流れ続ける必要がある．したがって，図2.23の6相ブリッジ回路では，上側3つと下側3つのサイリスタのうち，それぞれ，少なくとも1つは導通していなければならない．一方，3つ以上のサイリスタが導通することは素子に掛かる電圧が異なることから，過渡的な状態を除いて無理となる．したがって，三相平衡な交流側電流を得るためには，図2.25の一番上に示すように番号で示したサイリスタ素子が電気角60度ごとに切り替わるような導通状態をつくるように制御される．また，インバータの場合には電流源は図2.24に示す直流電圧源 E_{dc} と直流リアクトル L_{dc} で実現される．

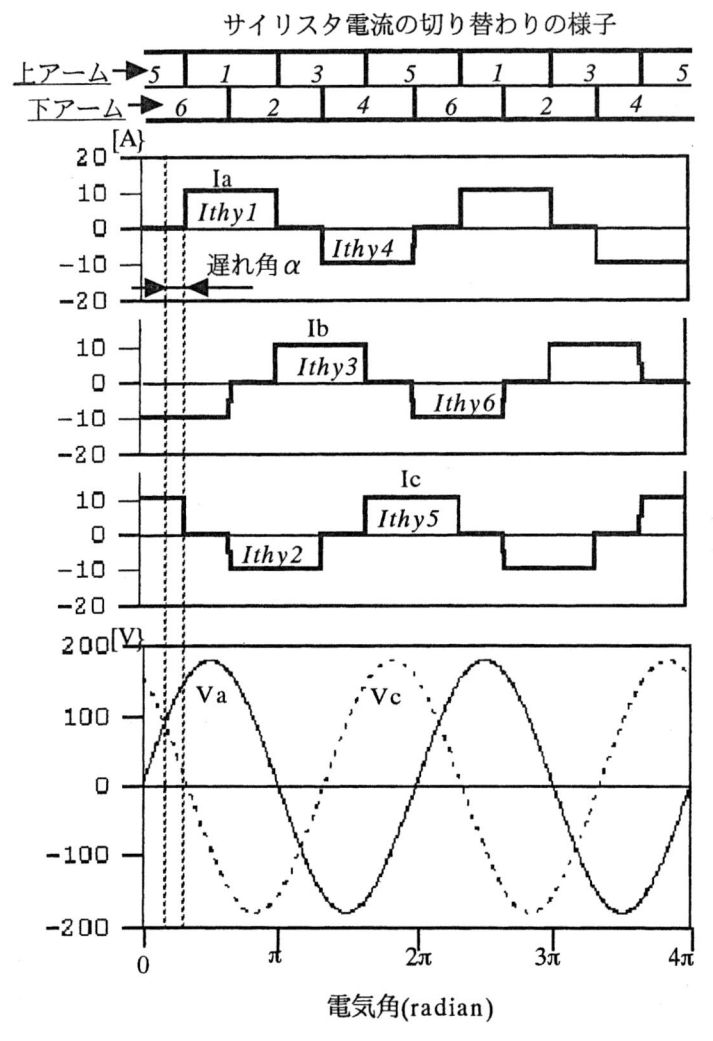

図 2.25 サイリスタ 6 相変換回路の交流電源電圧とサイリスタおよび交流側電流波形

　a相に接続されたサイリスタ1は，三相ダイオードブリッジのところで示したように，a相電圧がc相電圧より高くなったときにしか導通することができない．しかし，ダイオードと異なり，点弧タイミング（サイリスタのオン状態となる時刻）を電気角180度程度の範囲で遅らせることができる．この遅れ時間を電気角で表し，遅れ角 α と称する．この α を調整することにより，直流

2.4 三相交流直流変換器

電圧が制御できる原理は，単相のサイリスタブリッジのところで述べた原理と，三相であることを除いて，ほぼ同じである．

〔例 2.8〕 直流電圧と遅れ角 α の間の関係式

まず，交流電源電圧を次のように与える．

$$v_{ac}=E\sin\omega t=E\sin\theta, \quad E=\sqrt{2}\,V_{ac}$$

直流電圧は電源電圧のダイオード整流の開始点から点弧角 α だけ遅れた 1/6 サイクル期間の平均値となるので，

$$V_{dc}=\frac{6}{2\pi}\int_{(\pi/3)+\alpha}^{(2\pi/3)+\alpha} v_{ac}d\theta=\frac{3}{\pi}\int_{(\pi/3)+\alpha}^{(2\pi/3)+\alpha}(E\sin\theta)d\theta$$

$$=\frac{3}{\pi}E\left(-\cos\frac{2\pi}{3}\cos\alpha+\sin\frac{2\pi}{3}\sin\alpha+\cos\frac{\pi}{3}\cos\alpha-\sin\frac{\pi}{3}\sin\alpha\right)$$

$$=\frac{3}{\pi}E\cos\alpha=\frac{3\sqrt{2}}{\pi}V_{ac}\cos\alpha \tag{2.12}$$

直流電流の平均値は，

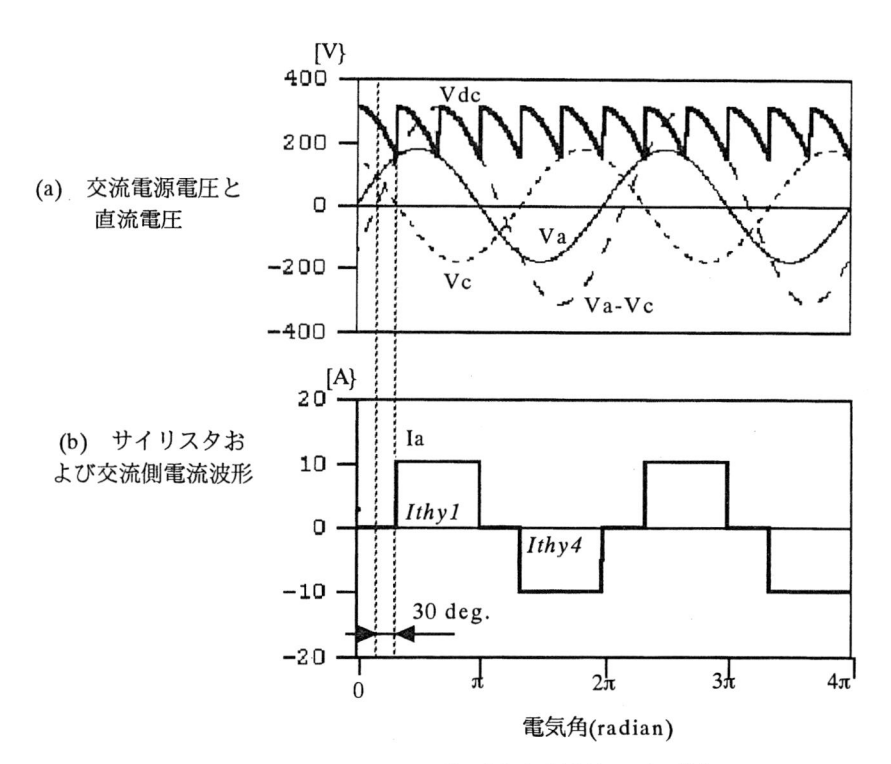

図 2.26 サイリスタ 6 相整流回路の各部波形点弧角 30 度の場合

$$I_{dc} = \frac{3}{\pi} \int_{(\pi/3)+\alpha}^{(2\pi/3)+\alpha} \left(\frac{E}{R}\sin\theta\right) d\theta = \frac{3\sqrt{2}}{\pi} \frac{V_{ac}}{R} \cos\alpha \qquad (2.13)$$

となる．

したがって，サイリスタ変換器は点弧角 α を用いて直流側電圧を調整することができる．その調整範囲はどのようなものであろうか．α の理論的な範囲はサイリスタに掛かる電圧が正の範囲であるから，0 から 180 度の間である．この間における出力電圧波形について次の例で見ることにする．

〔例 2.9〕 点弧角 $\alpha = 30°, 90°, 150°$ の場合の直流電圧波形

直流電圧波形は，交流側線間電圧の $\pi/3$ (60 度) 期間が切り取られて直流側に現れる．その位相は $\alpha+(\pi/3)$ から $\alpha+(2\pi/3)$ となる．

点弧角 $\alpha = 30°$ の場合の直流電圧波形は，図 2.26 (a) に示すような波形となる．

次に，点弧角 $\alpha = 90°$ の場合の直流電圧波形は，図 2.27 (a) に示すような波形となる．そして，点弧角 $\alpha = 150°$ の場合の直流電圧波形は，図 2.28 (a) に示すような波

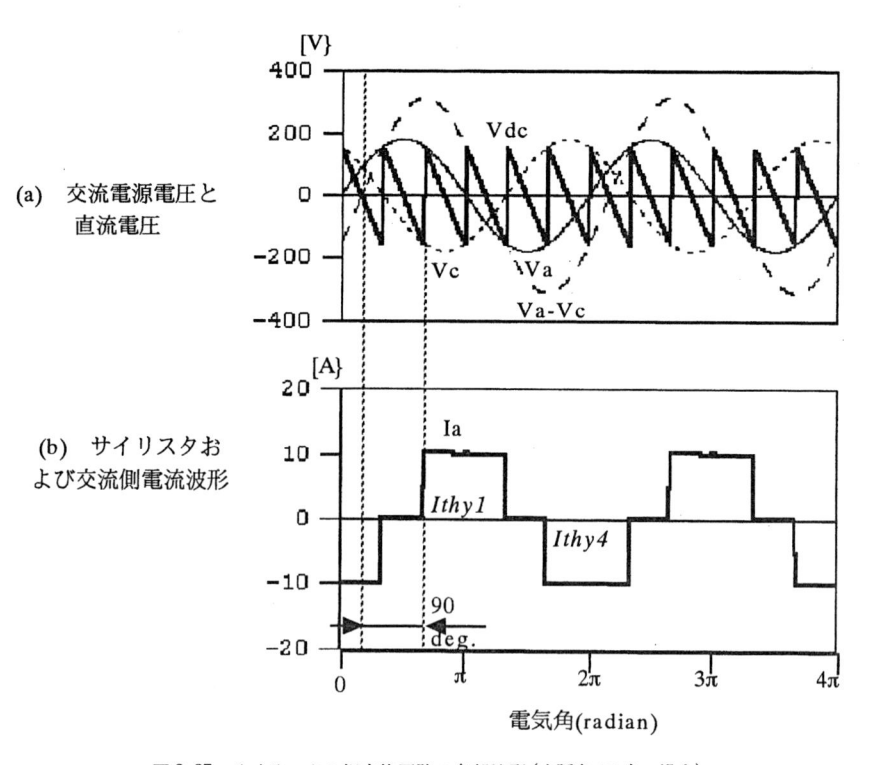

図 2.27 サイリスタ 6 相変換回路の各部波形 (点弧角 90 度の場合)

2.4 三相交流直流変換器

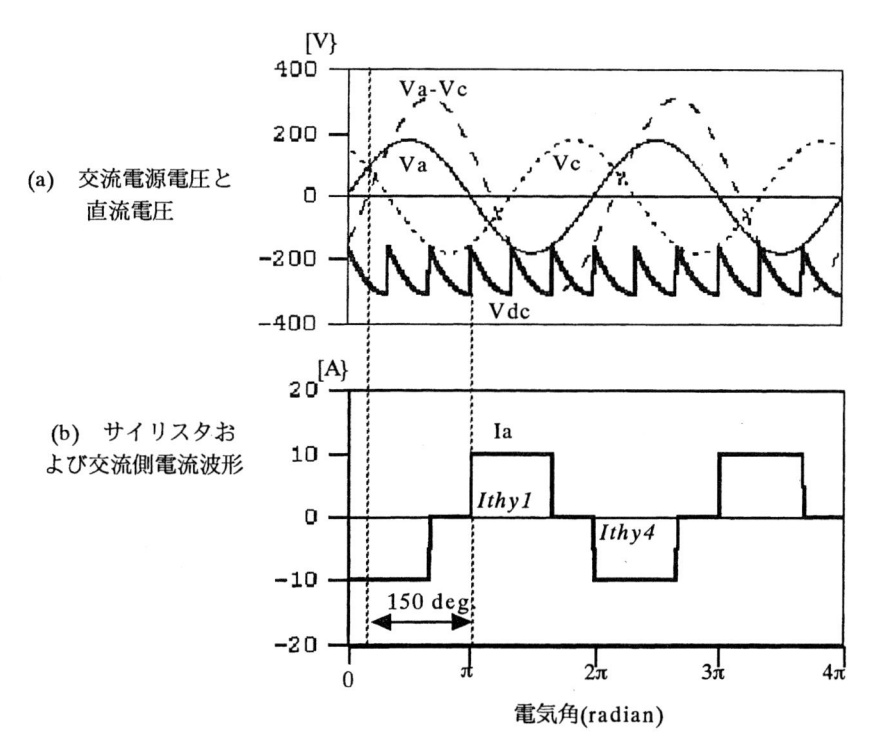

(a) 交流電源電圧と直流電圧

(b) サイリスタおよび交流側電流波形

図 2.28 サイリスタ 6 相変換回路の各部波形 (点弧角 150 度の場合)

形となる.

ここで，点弧角 α に対する出力電圧の変化について考える.

$\cos \alpha$ は 1 から -1 まで変化する．すなわち，出力電圧は $+E_{dc}$ から $-E_{dc}$ まで変化することになる．ここでマイナスの電圧はインバータ動作をすることを意味する．ただし，継続的にインバータ動作をするためには図 2.24 の回路図のように直流側に電源が必要である．このことは既に単相のサイリスタ変換器のところで見たとおりである．サイリスタ変換器をインバータ動作させると，直流モータの回生制動が可能となる．しかし，図 2.24 のような接続ではモータの駆動ができない．この関連事項を演習問題に示す．

2.4.3 トランジスタ電圧形インバータ

モータ駆動を行う場合，1 kW 程度以上のモータに対しては三相交流電源か

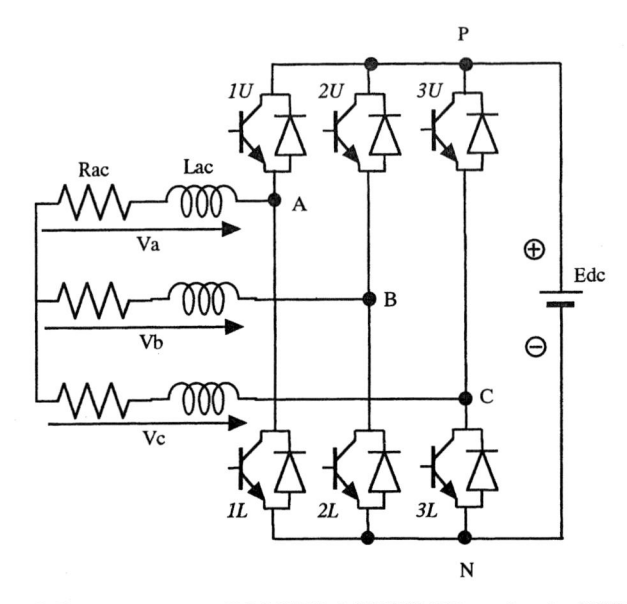

図 2.29　トランジスタ 6 相変換器回路交流側誘導負荷へのインバータ動作

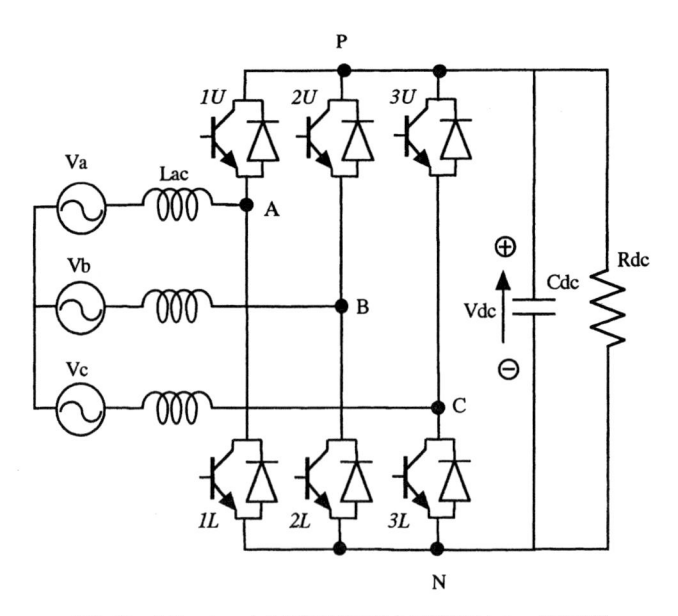

図 2.30　トランジスタ 6 相変換器回路交流側電源からの整流動作

らの電力供給が用いられる．トランジスタ(バイポーラトランジスタもしくはFET)の容量は開発初期の頃はサイリスタに比べて小さかったため，あまりモータ駆動には用いられなかった．しかし，1980年代には容量が増加し小型のモータ駆動の領域で盛んに用いられるようになってきた．とくに，誘導モータの可変速制御には欠かせない存在となり，現在では高効率なインバータエアコンといった商品を生み出す基本技術となっている．また，GTO, IGBT といった大容量の素子を使ったインバータは電車や電気自動車の駆動に用いられており，動作原理はトランジスタインバータとまったく同じである．

図2.29にトランジスタ電圧形6相インバータの回路構成を示す．これは，前節で述べた単相のトランジスタ電圧形インバータを三相に拡張したものにすぎない．しかし，負荷が三相となるため出力電圧の波形は少し複雑になる．その様子を図2.31に示す．

各相に接続されたトランジスタは上側と下側が交互に導通する．ここで示したものは上側，下側ともに180度ずつ導通するので，180度方形波インバータとも呼ばれる．a, b, c 相に接続されたスイッチは相互に120度ずつずれてスイッチングされ，その結果，交流側の誘導負荷には図2.31(b)のような階段状の波形が相電圧として発生する．線間電圧は120度幅の方形波である．交流側の負荷電流は図2.31(c)のようになり，単相のインバータの波形より滑らかになっているのが見て取れる．電流波形の位相は，誘導負荷に電力を供給するので，遅れとなっている．

〔例2.10〕 階段状の相電圧の大きさ

直流電源電圧は450 V とする．三相の負荷はその端子が直流電源電圧の正側か負側か，どちらかに接続される．その結果，一相分の負荷と並列になった他の二相分の負荷が直列となり，結局，負荷側中性点の電位は直流電源電圧の1/3もしくは2/3となる．したがって，負荷に掛かる相電圧も直流電源電圧の1/3もしくは2/3となる．すなわち，直流電源電圧が450 V なので，階段の低い方は150 V, 高い方は300 V となる．

このトランジスタ電圧形6相インバータの交流側に図2.30に示すように三相交流電源が接続された場合，この回路接続のままで整流動作が可能である．図2.32(b) に a 相について示すように交流電源電圧に対して，スイッチングの位相を30度遅らせた場合，図2.32(c)に示すような交流三相電流が流れ

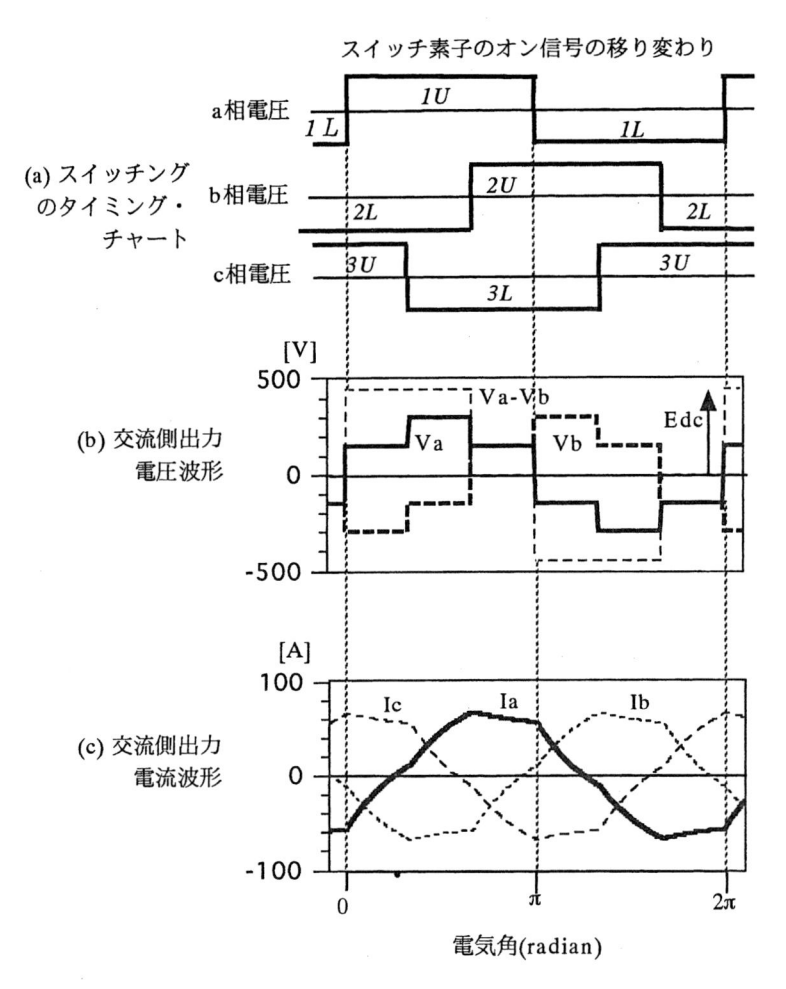

図 2.31 L-R 負荷をもつ VSI 変換器のインバータ動作
$L_{ac}=10\,\text{mH}$, $R_{ac}=3.0\,\Omega$

る．このとき，電源の a 相から供給される瞬時電力（ある時刻の電圧と電流を掛けた値）Pa を計算してみると図 2.32 (a) に示すように負の部分が大きいことが見て取れる．インバータとしての出力電力が負であることは，電力が交流側から直流側へ流れていることを意味しており，これは整流動作であることが判明する．その結果，図 2.32 (b) に示す直流電圧 V_{dc} は上昇していく．

電源電圧に対して，スイッチングの位相を進めた場合，交流電源側へ電力を

2.4 三相交流直流変換器

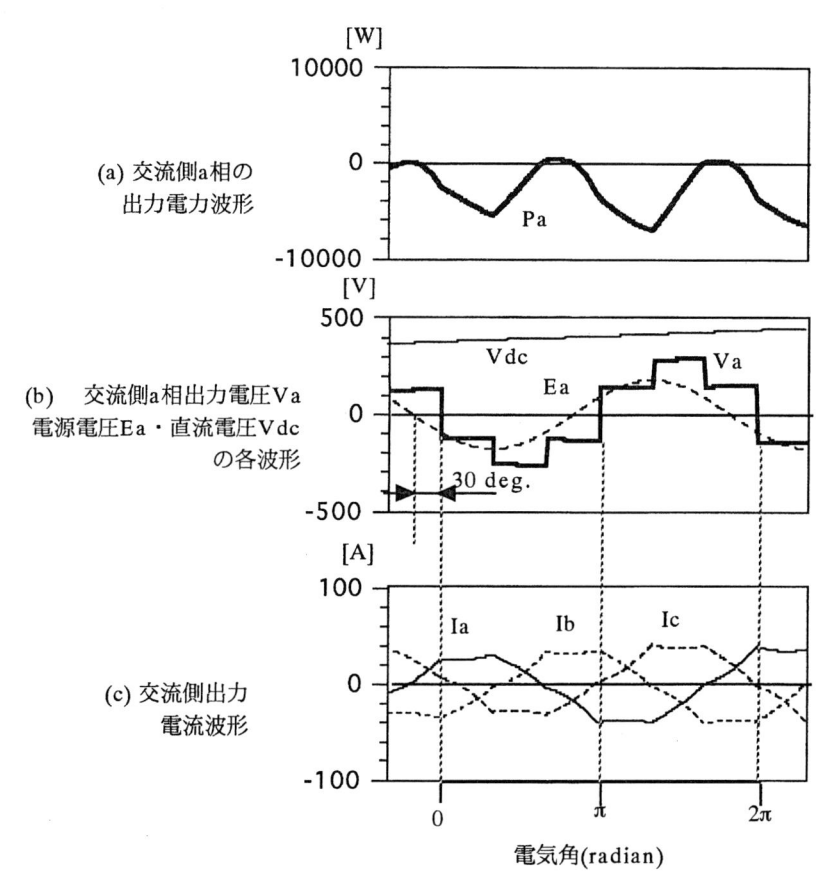

(a) 交流側a相の
出力電力波形

(b) 交流側a相出力電圧Va
電源電圧Ea・直流電圧Vdc
の各波形

(c) 交流側出力
電流波形

図 2.32 系統連系した VSI 変換器の整流器動作
$L_{ac}=10$ mH, $R_{ac}=0.377$ Ω, $E_{ac}=220$ V ; -30 deg. ; 60 Hz

供給するインバータ動作が可能であり，太陽光発電や燃料電池といった新エネルギー源で直流の出力をもつものを電力系統へ接続する際に使用できる．また，蓄電池 (バッテリー) のようなエネルギー蓄電装置へ用いると，回路接続の変更なしに充電 (整流器動作)・放電 (インバータ動作) が可能となり，制御性能がよく，装置の小型化の点で有利となる．いわゆる UPS (無停電電源装置) 装置に使用されている．

2.5 重なり角とデッドタイム

2.5.1 重なり角

サイリスタを用いた電流形変換器において，通常は図2.33に示すように交流側にインダクタンスが存在する．サイリスタがオンしたときに，前に電流が流れていたサイリスタは，このインダクタンスのため，即座にはオフできない．そのため，短時間ではあるが，上側アームもしくは下側アームの2つのサイリスタが同時にオンし，双方に電流が流れている期間が生じる．この期間を「重なり角 (overlap angle)」と呼ぶ．

電流の重なりの様子と，重なり角による直流側電圧波形の変化の様子を図2.34に示す．

〔例2.11〕 重なり角の大きさと直流側電圧の変化量の導出

Th.1からTh.3への転流(commutation)について考える．転流とはTh.1に流れていた電流がTh.3へ流れるようになることを意味する．この転流に要する時間が電流の重なり角になる．転流現象は交流側にインダクタンス成分があるためにサイリスタスイッチの電流を瞬時的に切り換えることができないことから発生する．この転流期間中の回路構成を図2.35に示す．この図を見てわかるように，Th.1とTh.3が同時にオンすることにより，交流電源電圧V_aとV_bがインダクタンスL_{ac}を通し

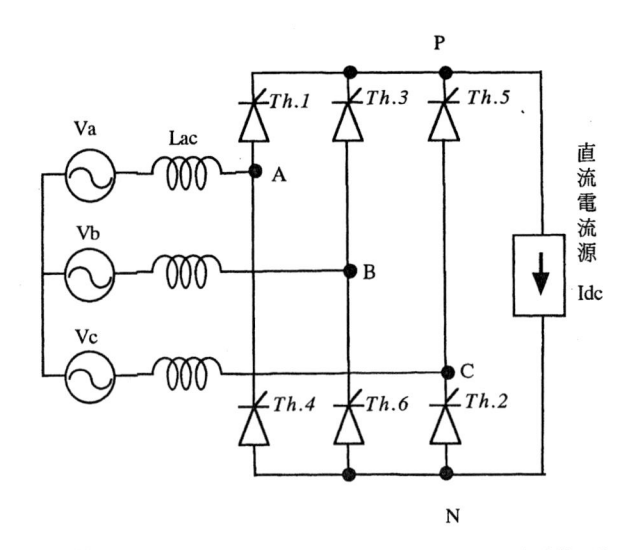

図2.33 交流側に連系リアクトルL_{ac}をもつサイリスタ6相変換回路

2.5 重なり角とデッドタイム　　　47

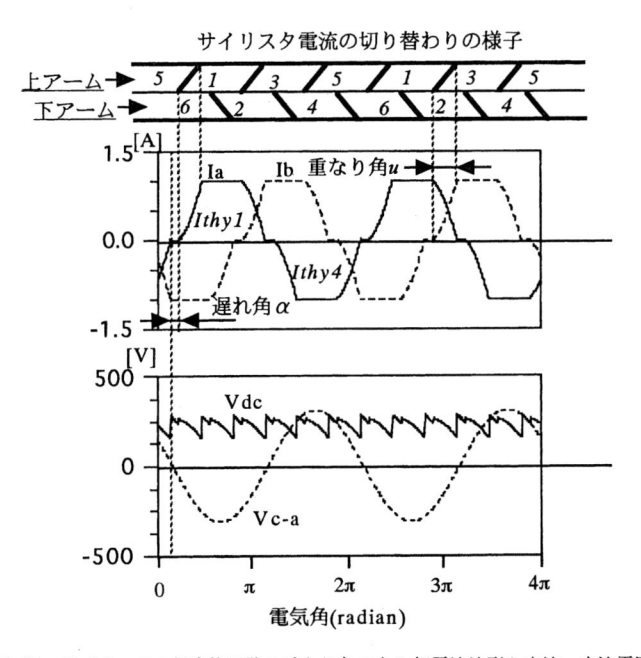

図 2.34　サイリスタ 6 相変換回路の重なり角のある相電流波形と交流・直流電圧

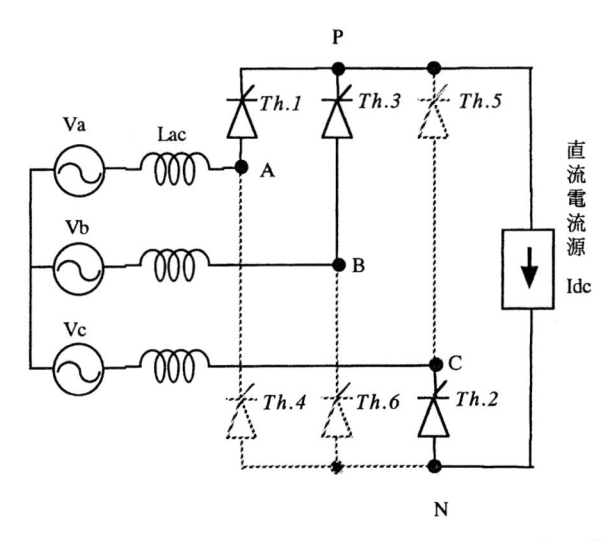

図 2.35　サイリスタ 6 相変換回路の Th.1 から Th.3 への転流中の回路

て短絡される．サイリスタ Th.3 がオンするときは必ず $V_b > V_a$ なので，V_b から V_a に向かって流れる電流が初期電流に重畳される．この重畳される電流の式は次のようになる．

$$v_{b-a} = \sqrt{6}\,V_{ac}\sin\omega t = \sqrt{2}\,V_{L-L}\sin\omega t$$

$$2L_{ac}\frac{d}{dt}I_u = -v_{b-a} = -\sqrt{6}\,V_{ac}\sin\omega t = -\sqrt{2}\,V_{L-L}\sin\omega t$$

$$I_u = \frac{1}{2\omega L_{ac}}\sqrt{6}\,V_{ac}\cos\omega t = \frac{\sqrt{2}\,V_{L-L}}{2X_{ac}}\cos\omega t = I_s\cos\omega t \qquad (2.14)$$

Th.1 を流れる電流が初期の I_{dc} から 0 になったときに転流期間が終了する．したがって，重なり角 u は次の式を満たす．

$$\cos(\alpha+u) - \cos\alpha = \frac{I_{dc}}{I_s} \qquad (2.15)$$

一方，直流側のP点の電圧は V_a と V_b の電位差が L_{ac} により 1/2 に分圧されて現れる．したがって，直流電圧 $V_{P-N} = V_P - V_N$ は次式で表される．

$$V_{P-N} = v_b - \frac{1}{2}(v_b - v_a) = \frac{1}{2}(v_b + v_a) \qquad (2.16)$$

重なり角がない場合はこの期間においては $V_P = V_b$ のはずだったので，重なり角

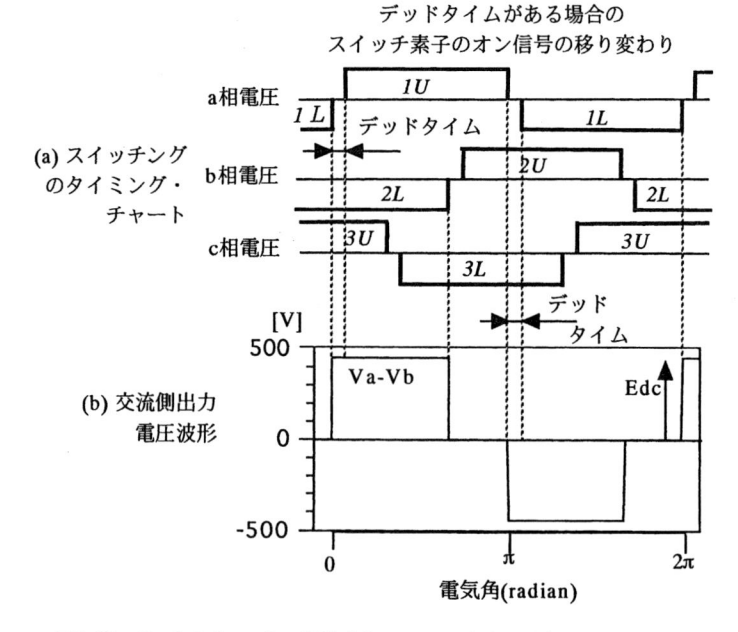

図 2.36 デッドタイムがある VSI 変換器の L-R 負荷に対するインバータ動作
 $L_{ac} = 10\,\mathrm{mH},\ R_{ac} = 3.0\,\Omega$

2.5 重なり角とデッドタイム

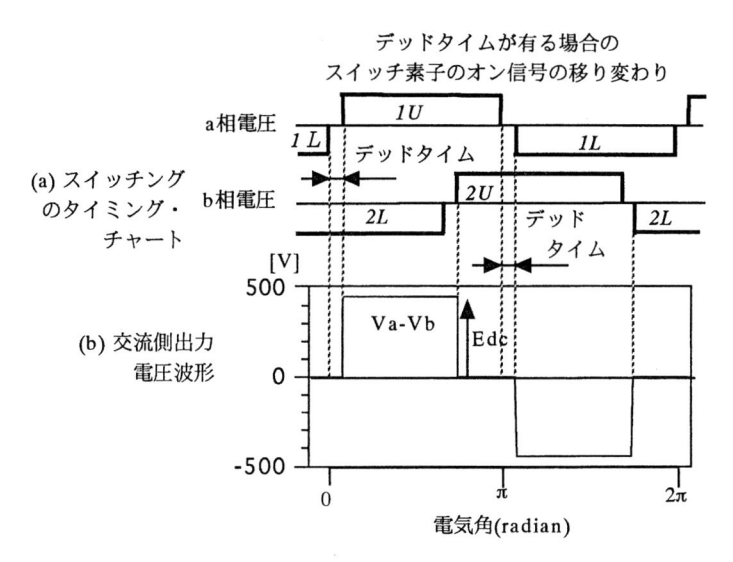

図 2.37 デッドタイムがある VSI 変換器の C-R 負荷に対するインバータ動作 $C_{ac}=1000\,\mu\mathrm{F}$, $R_{ac}=3.0\,\Omega$

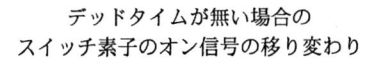

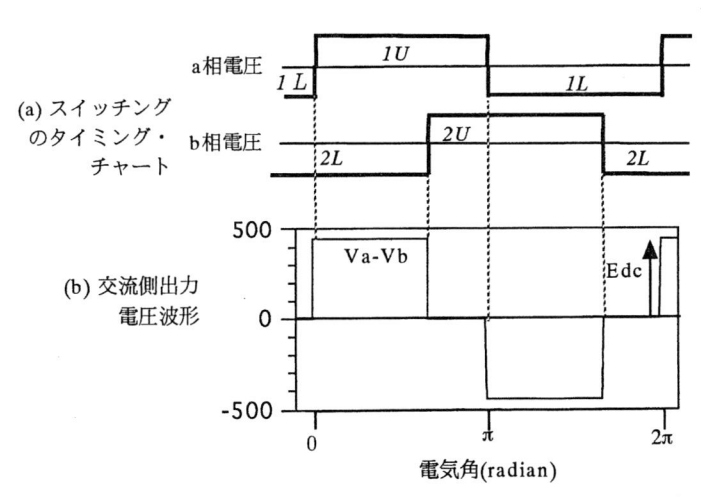

図 2.38 デッドタイムがない VSI 変換器の C-R 負荷に対するインバータ動作 $C_{ac}=1000\,\mu\mathrm{F}$, $R_{ac}=3.0\,\Omega$

の発生により，次の式の $V_Δ$ 分だけ，直流電圧が低下する．
$θ=ωt$ とおいて，

$$V_Δ = \frac{6}{2π}\int_{α}^{α+u}\left\{\frac{1}{2}(v_b+v_a)\right\}dθ = \frac{3}{2π}V_{ac}\frac{I_{dc}}{I_s} = \sqrt{\frac{3}{2}}X_{ac}I_{dc} \tag{2.17}$$

サイリスタ電流形変換器では重なり角により次のような悪影響が生じる．
1. 直流電圧が低下する．2. 力率が悪化する．3. 制御範囲が狭くなる．

2.5.2 デッドタイム

　トランジスタなどの自己消弧素子を用いた電圧形変換器においては，各相の上下のアームにあるスイッチが同時にオンすると直流電源が短絡されて非常に大きな電流が流れ，スイッチ素子が破壊される．そのため，上下のスイッチに同時にオン信号が入らないようにする．また，半導体スイッチ素子はオフになった途端に急激に順方向の電圧が掛かると，ベース電流やゲート電圧がなくてもオンしてしまうことが起こる．このような状況を避けるためには，通常，上下のスイッチがともにオフになる期間を設ける必要がある．この期間をデッドタイム (dead time) と呼ぶ．また，重なり角は電流形変換器の直流側電圧を低減させる効果があるが，デッドタイムは影響がある場合とない場合が生じる．たとえば，誘導性負荷に電力供給するインバータの場合はまったく入出力に関係しない．しかし，容量性負荷では影響が出る．

　誘導性負荷でデッドタイムがある場合の波形を図2.36に示す．デッドタイムがない場合の波形は前の図を参照して，違いがないことを確認せよ．また，容量性負荷でデッドタイムがある場合とない場合の波形を図2.37および図2.38に示す．デッドタイムの時間だけ電圧波形がずれることが見て取れる．

　ここで述べたことは次の点で興味深い．電流形変換器では3つある上側アームのサイリスタのうち，1つは必ずオンしている必要があり，2つ同時にオンすることも許され，その状態が重なり角である．しかし電流の経路を確保する必要から3つのサイリスタをすべてオフすることはできない．一方，電圧形変換器では，ある相の上下アームを同時にオンすることは許されないが，すべてをオフすることは許される．すなわち，電流形変換器と電圧形変換器は，その動作が対照的であり，このような性質を「双対性がある」という．

演 習 問 題

2.1 電圧実効値が 100 V の単相交流電源に接続されたダイオードブリッジ整流器の直流側に，100 Ω の抵抗負荷が接続されている．直流側の平均の電圧・電流・電力を求めよ．

2.2 図 2.22 のサイリスタ 6 相ブリッジ変換器の直流側平均電圧を求めよ．重なり角はないものとする．また，位相制御角 α に対する変化を図に描き，単相サイリスタブリッジの場合と比較せよ．

2.3 図 2.22 のサイリスタ 6 相ブリッジ変換器の有効・無効電力を求めよ．前問と同様，重なり角はないものとする．ただし，交流側電流は基本波成分のみ考えよ．

2.4 電圧形インバータで逆並列にトランジスタを用いても，ダイオードを用いても同じ結果が得られることを確認せよ．ただし，デッドタイム(上下のスイッチがともにオフになる状態)はないものとする．

2.5 サイリスタ変換器をインバータ動作させれば，直流モータの回生制動が可能であるが，図 2.23 のような接続ではそのような動作ができない．その理由を述べよ．

2.6 サイリスタ 6 相ブリッジ変換器の重なり角 u を求め，位相制御角 α に対するグラフを書いてみよう．重なり角 u が最も大きいときと小さいときはいつか．L_{ac} =0.1 H，V_{L-L}=220 V，I_{dc}=1 A とする．周波数は 50 Hz，60 Hz の 2 通りで計算せよ．

2.7 トランジスタ 6 相電圧形インバータでデッドタイム(上下のスイッチがともにオフになる状態)がある場合，L-R 負荷に対しては波形が変化しないのに，C-R 負荷に対しては波形が変化する理由を述べよ．

参 考 文 献

1) 電気学会半導体電力変換方式調査専門委員会編：半導体電力変換回路，電気学会，1987
2) 野中作太郎他：パワーエレクトロニクス入門，朝倉書店，1999
3) 宮入庄太：基礎パワーエレクトロニクス，丸善，1989
4) 平紗多賀男編：パワーエレクトロニクス，共立出版，1993
5) 西方正司：よくわかるパワーエレクトロニクスと電気機器，オーム社，1995
6) E. W. Kimbark : *Direct Current Transmission*, Vol. 1, John Wiley & Sons, Inc., 1971
7) N. Mohan, T. M. Undeland & W. P. Robbins : Power Electronics : Converters, Applications and Design, Second Edition, John Wiley & Sons, Inc., 1995

3. DC-DC コンバータ

よく知られているように交流の変成には変圧器が使用される．DC-DC コンバータは直流の変成器である．DC-DC コンバータのなかで代表的なものが直流チョッパと呼ばれる電力変換回路で，その名が示すように負荷に印加する電圧，負荷に流す電流を断続（チョッピング）することにより，直流電圧，電流を変成する機器である．本章では直流チョッパを中心に DC-DC コンバータについて説明する．

3.1 DC-DC コンバータの種類

電子回路，センサなどで使用される直流は，通常交流を整流して得る．1つの電子回路の中では何種類かの直流電圧が必要とされる．たとえば，代表的な電圧値には +5 V，±12 V などがある．これらを基盤上で自由に変成できれば，整流に伴う変圧器の数を減らすことができる．このような直流変換機器で定電圧制御により安定な電圧を出力できるようにしたものをスイッチングレギュレータと呼ぶ．DC-DC コンバータには次のようなものがある[1]．

1) 降圧チョッパ：バックコンバータ (buck converter)
2) 昇圧チョッパ：ブーストコンバータ (boost converter)
3) 昇降圧チョッパ：バック・ブーストコンバータ (buck-boost converter)
4) チュックコンバータ (Cúk converter)
5) 高周波リンクコンバータ
6) 共振形コンバータ

このうち,バックコンバータとブーストコンバータは直接コンバータといい,バック・ブーストコンバータ,チュックコンバータ,共振形コンバータ,高周波リンクコンバータは間接コンバータという[2].以下の節でこれらの代表的なものについて説明する.コンバータ回路においてはとくに低損失化が重要な課題となっている.

3.2 バックコンバータ

3.2.1 バックコンバータの動作原理

バックコンバータは直流電圧を下げる目的で使用されるコンバータである.図3.1に動作原理を説明する.

図3.1に示すように,コンバータの負荷である抵抗(コンバータの負荷は直流出力であるため基本的に抵抗のみである)に掛かる電圧は,半導体スイッチ素子のON, OFFにより断続的なものとなる.まずスイッチを理想的なものとする.スイッチがONの状態では,負荷抵抗にはE_1の電圧が掛かりE_1/Rの電流が流れる.スイッチがOFFの状態では,電圧,電流いずれもが0となる.このような状態を時間的に一定周期で切り替えると,その導通時間と遮断時間の比;

$$a = \frac{T_{ON}}{T_{ON} + T_{OFF}} \tag{3.1}$$

に応じて電圧が0からE_1の範囲でRの平均電圧E_2を変化させることができ

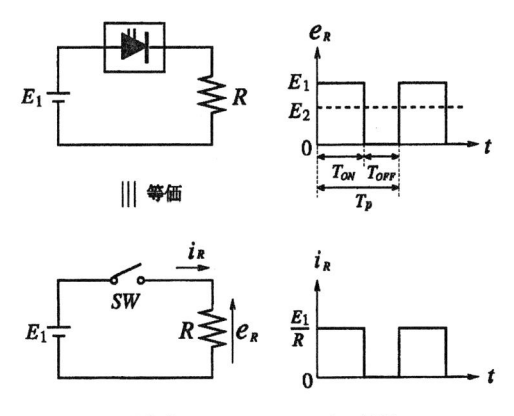

図3.1 バックコンバータの原理

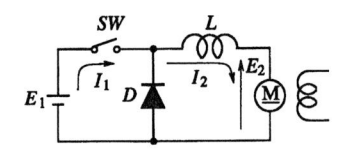

図3.2 バックコンバータ回路の適用例

る．この比を通流率という．この原理は，たとえば図3.2のような回路に適用することができる．このとき出力電圧 E_2 は次式で与えられる．

$$E_2 = \frac{T_{ON}}{T_{ON}+T_{OFF}} E_1 = \frac{T_{ON}}{T_P} E_1 = \alpha E_1 \tag{3.2}$$

ここで，L が非常に大きいと仮定すると電流は完全に平滑化され，負荷側の電流の平均値を I_2 とし，電源側に流れる電流の平均値 I_1 とすると，電圧と電流の時間に対する関係が逆であることから，

$$I_2 = \frac{T_{ON}+T_{OFF}}{T_{ON}} I_1 \tag{3.3}$$

が得られる．したがって，

$$E_1 \cdot I_1 = E_2 \cdot I_2 \tag{3.4}$$

となり，直流の変成動作が得られることがわかる．このように理想的にはエネルギーが変換により損失なく変換されることを表している．図3.2に用いたダイオードを環流ダイオードと呼ぶ．これはスイッチがOFFのときに，インダクタンスに蓄えられたエネルギーによりスイッチ素子両端に電流遮断に伴う Ldi/dt の高電圧が掛かることを避ける閉路を構成するためのものである（この方式はインダクタンスを含む回路のインダクタンスの絶縁破壊防止の手段として回転機等でよく用いられる）．

DC-DCコンバータのスイッチングのタイミングによって，バックコンバータには連続導通モードと不連続導通モードがある．通常DC-DCコンバータは定常状態では周期的なスイッチングをさせる．この周期の間に負荷に流れる電流が流れ続ける場合を連続導通モードといい，この周期の間に負荷電流が0となって電流が不連続になる場合を不連続導通モードという．入力電圧に対して出力電圧の設定が低くなると，通流率 α が低くなり電圧OFFの期間内で電流の過渡状態が収束して，電流が流れない状態となる．

3.2.2 バックコンバータの出力制御機構

前項で説明した DC-DC バックコンバータの出力は通流率 α を変更することにより変えることができる．負荷が時間的に定常の場合には，通流率に合わせた一定周期のスイッチングパルスをスイッチ素子の駆動回路に与えて駆動すればよい．しかしながら，入力電圧の時間的変化，負荷の時間的変化などが生じる場合には，一定周期のスイッチングでは出力の変動に対して，出力調整ができない．そこで，通常は図 3.3 のブロック図に示すように出力フィードバックを掛けて，状態電圧の目標電圧との偏差を減じるようにスイッチングパルスの通流率を変化させる．このブロック図を実回路で実現するためには図 3.4 のようなパルス幅変調方式や，周波数変調方式などが使用される．このパルス幅変

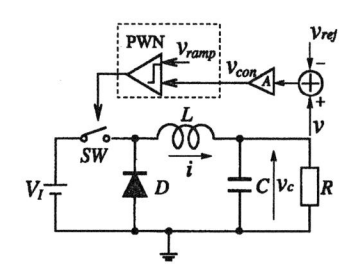

図 3.3 出力フィードバック制御された DC-DC バックコンバータのブロック図

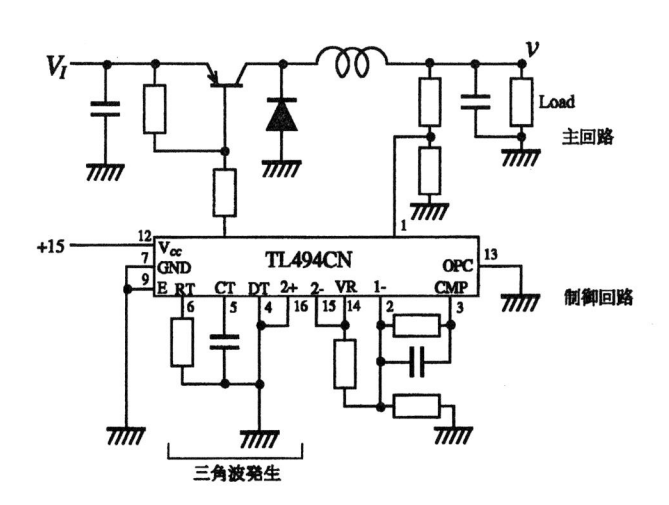

図 3.4 パルス幅変調方式 DC-DC バックコンバータ

調方式では，三角波比較方式と呼ばれる最も一般的な方式が取られている．すなわち，出力電圧が三角波と比較して大きいときはスイッチを OFF に，小さいときはスイッチを ON にするようにスイッチングパルスを生成する．その結果，出力電圧に応じて通流率が調整される．

3.2.3　パルス幅変調方式 DC-DC バックコンバータの解析[3)]

図 3.4 の回路を状態方程式を立てて解析することを試みる．ここでは連続導通モードについて考える．回路方程式は半導体スイッチが ON と OFF の状態で変わる．まず，スイッチが ON の状態では，

$$\begin{cases} \dfrac{di}{dt} = \dfrac{V_I - v}{L} \\ \dfrac{dv}{dt} = \dfrac{i - \dfrac{v}{R}}{C} \end{cases} \quad (3.5)$$

となり，OFF の状態では，

$$\begin{cases} \dfrac{di}{dt} = -\dfrac{v}{L} \\ \dfrac{dv}{dt} = \dfrac{i - \dfrac{v}{R}}{C} \end{cases} \quad (3.6)$$

となる．これらがあるスイッチングルールで切り替えられている．これをまとめて扱うために，次の通流率 α を用いた状態方程式を導入する．

$$\begin{cases} \dfrac{di}{dt} = \dfrac{\alpha V_I - v}{L} \\ \dfrac{dv}{dt} = \dfrac{i - \dfrac{v}{R}}{C} \end{cases} \quad (3.7)$$

一方フィードバック部分において通流率 α は

$$\alpha = 1 - \frac{A(v - v_{ref}) - v_{min}}{v_{max} - v_{min}} \quad (3.8)$$

となる．ここで，v_{max}, v_{min} はそれぞれランプ波の最大値，最小値を表す．一般的に，

$$v_{min} \leq A(v - v_{ref}) \leq v_{max} \quad (3.9)$$

となるようにゲイン A が決定される．$\omega_d = \sqrt{1/LC - 1/C^2R}$ と置くと，スイッチの状態に応じて次の解が得られる．

$$\text{ON}\begin{cases} i = e^{-t/2CR}(a_1 \sin \omega_d t + b_1 \cos \omega_d t) + V_I/R \\ v = e^{-t/2CR}(a_2 \sin \omega_d t + b_2 \cos \omega_d t) + V_I \end{cases} \quad (3.10)$$

$$\text{OFF}\begin{cases} i = e^{-t/2CR}(a_1' \sin \omega_d t + b_1' \cos \omega_d t) \\ v = e^{-t/2CR}(a_2' \sin \omega_d t + b_2' \cos \omega_d t) \end{cases} \quad (3.11)$$

ここで，a_1, a_2, b_1, b_2 は初期値で決まる定数である．これらを用いてさらに，定数 a_1', a_2', b_1', b_2' が得られる．回路動作が定常状態

$$di/dt = 0, \quad dv/dt = 0 \quad (3.12)$$

になったとき，

$$v = Ri, \quad a = v/V_I \quad (3.13)$$

が得られる．すなわち，電圧等が一定の定常状態ではスイッチングパルスは一定周期となることがわかる．

3.3 ブーストコンバータ

3.3.1 ブーストコンバータの動作原理

ブーストコンバータは電圧を上げる目的で使用されるコンバータ回路である．図 3.5 に動作原理を示す．入力電圧に対して出力電圧を昇圧するためには，何らかの方法でエネルギーを蓄積し，入力に対してその蓄積エネルギーを

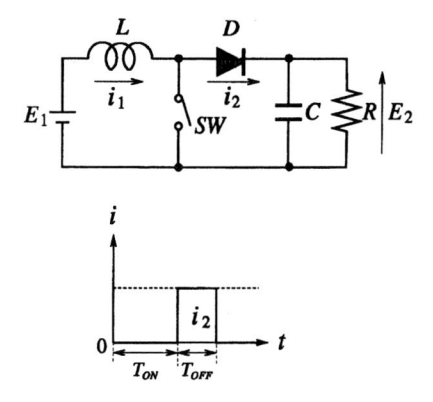

図 3.5 DC-DC ブーストコンバータの動作原理

加算して出力する．図3.5の原理図では，スイッチがONの期間では電源はインダクタンスLにのみ接続されて，電流i_1が流れる．インダクタンスはエネルギー蓄積要素で，流れた電流i_1により磁界の形でエネルギー$E_1 i_1 T_{ON}$が蓄積される．スイッチがOFFとなると，電源は負荷にエネルギー$(E_2 - E_1) i_1 T_{OFF}$を供給する．このエネルギーの移動がバランスが取れた状態で定常状態となる．すなわち，

$$E_1 i_1 T_{ON} = (E_2 - E_1) i_1 T_{OFF} \tag{3.14}$$

であり，最終的には，

$$E_2 = \frac{T_{ON} + T_{OFF}}{T_{OFF}} E_1 = \frac{1}{\beta} E_1 \tag{3.15}$$

となる．ここでβは上昇比の逆数で，通流率αとの間に，

$$\alpha + \beta = 1 \tag{3.16}$$

の関係がある．一方電流はその導通時間から

$$I_2 = \beta I_1 \tag{3.17}$$

であり，電圧，電流の関係から

$$E_2 \cdot I_2 = E_1 \cdot I_1 \tag{3.18}$$

の，変圧器と同様の関係が得られる．これは理想的にはエネルギーが変換により損失なく変換されることを表している．

ブーストコンバータの場合もその動作状態にはバックコンバータと同様に，スイッチング期間で電流が連続して流れる連続導通モードと，電流が流れない期間を含む不連続導通モードがある．したがって，回路動作を検討するときにはそれぞれのモードに対して回路方程式を立て，スイッチングのルールに応じて切り替えた解析をすることが必要となる．

3.3.2 ブーストコンバータの出力制御機構

現実に上述の動作原理を実現するためには，回路に何らかのフィードバック制御を付加する．フィードバックのルールには負荷電流値に基づく電流モード制御と負荷電圧値に基づく電圧モード制御がある．図3.6のブロック図は電流モード制御回路の例である．図は出力電流フィードバックによる出力制御ループを設けたもので，図の制御ループの場合電流が増加しても電流の参照値i_{ref}

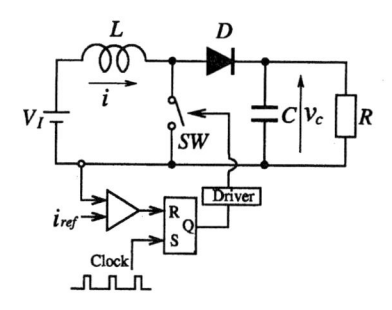

図 3.6 DC-DC ブーストコンバータのブロック図

に達するまではクロックパルスが無視され，電流が i_{ref} に達した後クロックパルスが入ってスイッチが閉じる．そしてクロックが切れるとスイッチは切れ電流が下がる．次のクロックのタイミングで電流値が参照値より大きければ再度スイッチが入る．このようにして，負荷電流が参照値と比較され，クロックごとのスイッチングを入れるか切るかが判定される．その結果，状態は目標電流値近傍に止まる．同様の制御機構を負荷電圧に基づいて与えることもできる．

3.3.3 ブーストコンバータの動作解析[4,5]

ブーストコンバータはインダクタンスとキャパシタンスの抵抗が無視でき，連続導通モードで動作している場合，ON 状態では以下の状態方程式が得られる．

$$\begin{cases} \dfrac{di}{dt} = \dfrac{V_I}{L} \\ \dfrac{dv_c}{dt} = -\dfrac{v_c}{CR} \end{cases} \quad (3.19)$$

同様に，OFF 状態では以下のとおりとなる．

$$\begin{cases} \dfrac{di}{dt} = \dfrac{V_I}{L} - \dfrac{v_c}{L} \\ \dfrac{dv_c}{dt} = \dfrac{Ri - v_c}{CR} \end{cases} \quad (3.20)$$

この二状態を切り替えるスイッチング制御が出力電流のフィードバックで行われる．

この解析はこれらの回路方程式を通流率等を用いて1つの方程式で表し，

バックコンバータの場合と同様に解析することができる(不連続電流導通モードについては回路の状態が1つ増えるため解析が複雑になる).すなわち,

$$\begin{cases} \dfrac{di}{dt} = \dfrac{V_I}{L} - \dfrac{\beta v_c}{L} \\ \dfrac{dv_c}{dt} = \dfrac{\beta Ri - v_c}{CR} \end{cases} \quad (3.21)$$

を,スイッチング条件の下で解析すればよい.

3.4 バック・ブーストコンバータ

バック・ブーストコンバータはバックコンバータとブーストコンバータの双方の機能をもたせたコンバータ回路で,電圧を昇圧および降圧できる.図3.7にその原理図を示す.まず,スイッチがONの状態でリアクトルLにエネルギーが電流I_1により蓄積される.このとき負荷側はダイオードDで遮断されている.次いで,スイッチがOFFになるとLに蓄積されていたエネルギーが電流I_2により放出される.この場合,出力電圧の極性は反転する.ここでは定常状態のみを考える[2].

回路が定常状態に至ると,インダクタンス両端の電圧は周期的に変化し,平均電圧の時間積は,

$$E_1 \cdot T_{ON} = E_2 \cdot T_{OFF} \quad (3.22)$$

の関係をもつ.したがって,

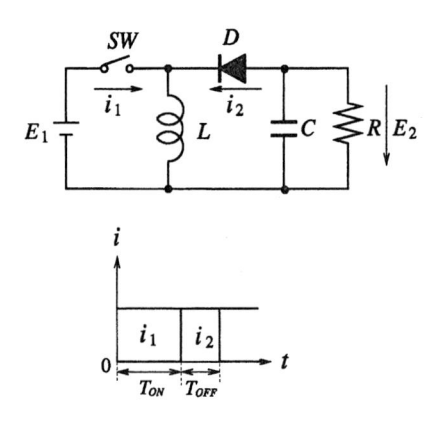

図3.7 DC-DC バック・ブーストコンバータの原理図

$$E_2 = \frac{T_{ON}}{T_{OFF}} E_1 = \frac{\alpha}{1-\alpha} E_1 \tag{3.23}$$

となる．これは通流率 α を変更すれば，出力電圧 E_2 を大きくすることも，小さくすることもできることを示している．電流に関しては，電流に含まれる高調波が少なければ，平均電流の間に，

$$I_1 \cdot T_{OFF} = I_2 \cdot T_{ON} \tag{3.24}$$

の関係が成立し，

$$I_2 = \frac{T_{OFF}}{T_{ON}} I_1 = \frac{1-\alpha}{\alpha} I_1 \tag{3.25}$$

より，スイッチング損失がなければ

$$E_1 \cdot I_1 = E_2 \cdot I_2 \tag{3.26}$$

が得られ，直流変成動作が保たれている．

3.5 チュックコンバータ

チュックコンバータ[6]は前節に示したバック・ブーストコンバータの双対回路である (図 3.8)．バック・ブーストコンバータがインダクタンスの誘導によるエネルギーの蓄積を利用しているが，チュックコンバータはキャパシタンスの容量エネルギーの蓄積を利用している．この回路も，出力電圧の極性は電源に対して反転する．この動作特性はコンデンサの電流がスイッチング周期の間で時間積が 0 となる．すなわち，

$$I_2 \cdot T_{ON} = I_1 \cdot T_{OFF} \tag{3.27}$$

の関係から

$$I_2 = \frac{1-\alpha}{\alpha} I_1 \tag{3.28}$$

が得られる．電圧もコンデンサの容量が十分大きく，高調波等が無視できる場合，

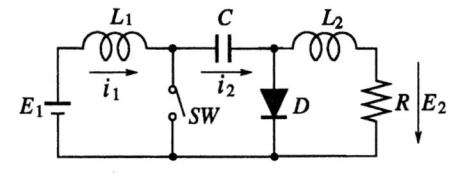

図 3.8 チュックコンバータの原理図

$$E_2 = \frac{a}{1-a} E_1 \tag{3.29}$$

となり，バック・ブーストコンバータと同様になる．

3.6 コンバータの不連続導通モード

これまでの説明は，いずれのコンバータも連続導通モードで動作していることを前提に行った．ところが，電流の直流成分より電流値の変動幅が大きいと，電流が0となり，回路中のダイオードが遮断状態に移行する．これを不連続導通モードという．図3.9に，不連続モードでの電流波形と電圧波形を示す[8]．不連続モードに移行すると，半導体スイッチが再びONになるまでは，電流0の状態が続く．この場合，電流が0の期間ダイオードに逆電圧が生じ，それが負荷に現れるため，平均電圧値が連続導通モードの解析値に比べて大きくなる[2]．このような不連続導通モードを解析するときは3つのスイッチング状態がスイッチにより切り替わることを前提に行う必要がある．

一般に，連続導通モードで設計されたコンバータが負荷の変動で不連続導通モードに移行することは十分に可能性があり，その動作特性を把握しておくことはコンバータの適用範囲の拡大のためにも重要なものと考えられる．

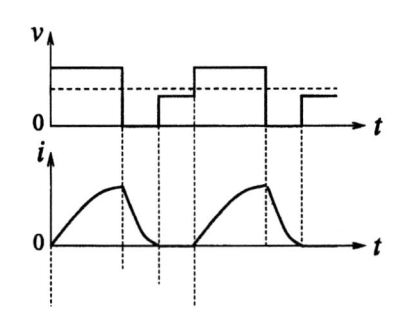

図3.9 DC-DC バックコンバータの不連続導通モード

Tea Time

近年 DC-DC コンバータの動作特性が興味の対象になりつつある．これまで，DC-DC コンバータはそのスイッチングによる平均電圧を目標値にする方法を確立することが研究開発の主眼であった．その結果，ほとんどそのスイッチング

周期間の状態の時間変化について注意が向けられることはなかった．しかし，携帯用電子機器の発達に伴い，小電力の変換器が必要となり，その設定パラメータがかなり制約を受けるようになっている，とくにインダクタンスやキャパシタンスに大きな値のものを使用することができなくなり，スイッチングに伴うコンバータ動作に不安定な挙動が見られることがわかってきた．コンバータはスイッチングにより線形回路を不連続に切り替える回路であるが，このスイッチングが非線形特性をもつため，線形動作では予測されない動作が引き起こされる．このような動的な回路特性を考えることが今後の重要な課題にもなっている[2,3]．図3.10は，とくにDC-DCバックコンバータが不連続導通モードで駆動されているときに現れるカオス状態を表している．このような不安定性は連続導通モードでも現れることが知られている．一般に非線形振動に対しては，通常発生しないように回路定数を設定するという消極的な対応が取られてきたが，最近ではカオス制御の手法を用いた安定化の試みもなされつつある．その結果，これまで安定に使用できなかった定数領域でも安定なコンバータ出力を得られる可能性がある．

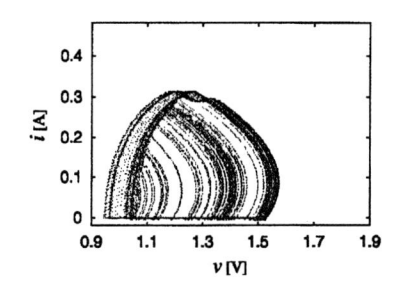

図 3.10　DC-DC バックコンバータのカオス的動作 (不連続導通モード)

演 習 問 題

3.1 図3.6のブーストコンバータのON状態，OFF状態で，キャパシタンス，インダクタンスの抵抗が無視できない場合について，それぞれの回路状態での状態方程式を導出せよ．

3.2 図3.2のバックコンバータにおいて，連続導通モード，不連続導通モードの閾値条件を導出せよ．

3.3 高周波リンクコンバータにはどのような種類のものがあるか調べよ．

3.4 図3.7のバック・ブーストコンバータ回路におけるインダクタンスLの蓄積エネルギーを求めよ．またそのスイッチング周波数依存性を示せ．

参考文献

1) B. K. Bose : Power Electronics and Variable Frequency Frivers, IEEE Press, 1996
2) J. G. Kassakian, M. F. Schlecht & G. C. Verghese : Principles of Power Electronics, Addison-Wesley, 1991. 赤木泰文訳：パワーエレクトロニクス，日刊工業新聞社，1998
3) J. H. B. Deane & D. C. Hamill : Instability, subharmonics, and chaos in power electronic systems, *IEEE Trans. Power Electronics*, **5** (3), 260-268, 1990
4) C. K. Tse : Flip bifurcation and chaos in three-state boost switching regulators, *IEEE Trans. Circ. Syst., I,* **CAS-41** (1), 16-23, 1994
5) S. Banerjee & K. Chakrabarty : Nonlinear modeling and bifurcations in the boost convertor, *IEEE Trans. Power Electronics*, **13** (2), 252-260, 1998
6) S. Cúk & R. D. Middlebrook : A new optimum topology switching dc-to-dc convertor, *IEEE Trans. Power Electronics Specialist Conference Record,* 160-179, 1977
7) 電気学会半導体電力変換方式調査専門委員会編：半導体電力変換回路，電気学会，1987
8) 引原隆士，古中正毅，上田睆亮：DC-DC バックコンバータにおけるスイッチング分岐に関する実験的検討，電子情報通信学会，非線形問題研究会資料，NLP 99-69, 1999

4. パワーエレクトロニクス回路構成と制御技術

4.1 スイッチング方式

電力変換を行うためにはスイッチングにより電力制御を行う必要がある．ここでは，インバータにおいて用いるスイッチング方式について述べる．図4.1に単相インバータの基本構成図を示す[1]．

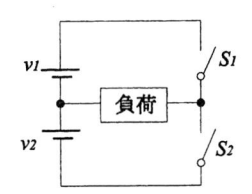

図4.1 単相インバータ基本構成図

4.1.1 パルス幅変調

パルス幅変調 (PWM, pulse width modulation) 方式は，現在モータなどの制御に用いられるインバータに最も普及している変調方法である．周期を一定として，スイッチングパルスの幅，つまりON時間を変化させることで，平均電圧を変化させ，必要な周波数の正弦波を発生させる．具体的なパルス発生方法として最も広く用いられるものは三角波比較法である．この方法は必要な正弦波の周波数である基準波と三角波を比較し，スイッチのON-OFFのタイミングを決めるものである．図4.2に三角波比較法の原理図を示す．このようにスイッチングを行うことで，平均電圧を変化させて必要な周波数の電圧を発

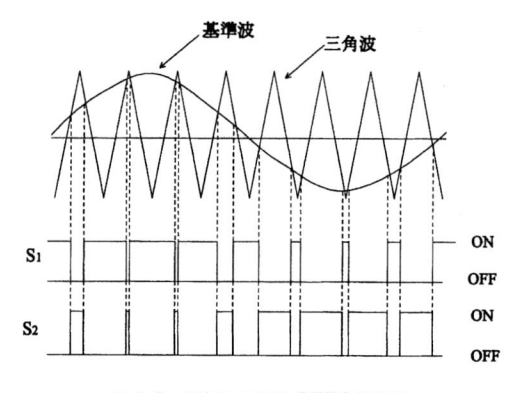

図 4.2　三角波比較法 PWM 原理図

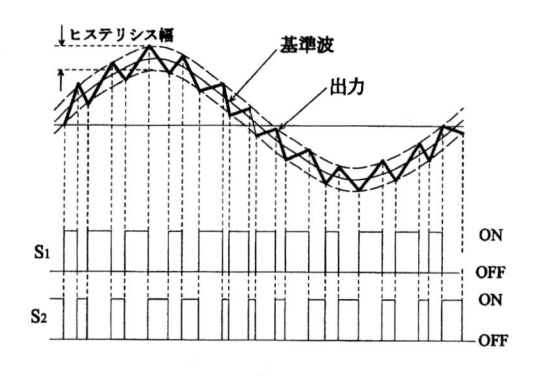

図 4.3　ヒステリシスコンパレータ PWM 原理図

生させる．スイッチングにより出力には方形波電圧が発生するが，フィルタを接続することで，高調波が低減され正弦波を得ることができる．本方式の特徴として，スイッチング周波数がキャリアとなる三角波の周波数で決まること，そして原理的にキャリア周波数よりも早い制御は不可能であることが挙げられる[2]．

また，図 4.3 にヒステリシスコンパレータ PWM の原理図を示す．基本的な考え方は三角波比較法と同じであるが，こちらは基準波と実際の電圧を比較し，ヒステリシスをもつ比較器(コンパレータ)を通してスイッチングを行う．この方法は目標電圧への応答性が三角波比較法よりもよい，構成が簡単などの利点がある．一方スイッチング周波数は一定にならない．

4.1.2 パルス周波数変調

パルス周波数変調 (PFM, pulse frequency modulation) 方式はパルス幅を一定にし，パルスの発生周波数を変化させることで平均出力を変化させる方法である．図4.4に原理図を示す．本方式の特徴として，ON 期間が一定であるが，スイッチング周波数が一定でないことがあげられる．

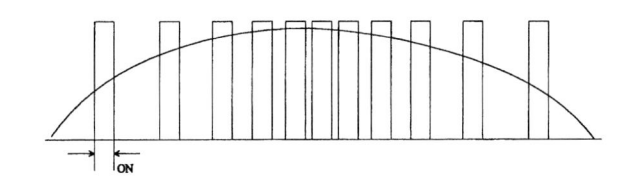

図 4.4 パルス周波数変調原理図

4.1.3 パルス密度変調

パルス密度変調 (PDM, pulse density modulation) 方式はパルス幅を一定にし，パルスの発生密度を変化させることで，平均出力を変化させる方法である．図4.5に原理図を示す．PFM との違いはパルス発生群内ではパルス発生の周期が一定になっていることである．ここではスイッチング周波数は一定である．

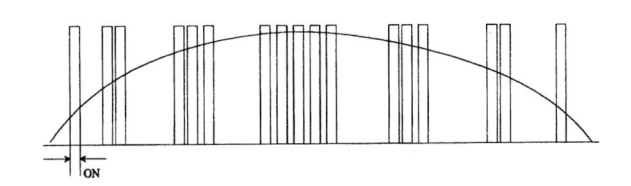

図 4.5 パルス密度変調原理図

4.2 スイッチング

パワーエレクトロニクスにおいてスイッチングは変換の基礎であり，その関数表現を知ることは各変換への応用に欠かせないものである．ここでは，スイッチング関数について述べる[1]．

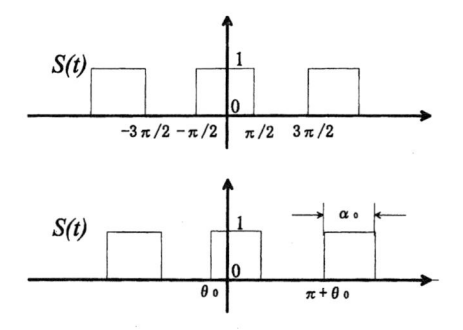

4.2.1 スイッチング関数

スイッチング関数はスイッチが理想スイッチと仮定し，ON 時と OFF 時の 2 通りの状態を表すものである．

$S(t)=1$　S：ON 時

$S(t)=0$　S：OFF 時

スイッチが図 4.6 に示すようにスイッチング角周波数 ω_s で ON 期間が π rad とすると，その $S(t)$ のフーリエ展開は次のようになる．

$$S(t)=\frac{1}{2}+\frac{2}{\pi}\sum_{k=1,3,5,\cdots}^{\infty}\frac{(-1)^{(k-1)/2}}{k}\cos k\omega_s t \tag{4.1}$$

さらに ON 期間が α_0 rad，位相が θ_0 rad とすると，

$$S(t)=\frac{\alpha_0}{2\pi}+\frac{2}{\pi}\sum_{k=1}^{\infty}\frac{\sin(k\alpha_0/2)}{k}\cos k(\omega_s t-\theta_0) \tag{4.2}$$

となる．

図 4.6　スイッチング関数

4.2.2 入力電源が交流の場合のスイッチング

図 4.7 に変換回路で最も構成が簡単なハーフブリッジ形電力変換器の回路図を示す．2 つのスイッチの状態を考える．同時に 2 つが ON の場合は 2 つの電源が短絡するため，この状態は考えない．また，両方が OFF である場合は負荷に電流が流れないため，この状態も考えない．よって，2 つのスイッチのスイッチング関数 S_1, S_2 はどちらかが 1，そしてどちらかが 0 となる．今，図のように ON スイッチング角周波数 ω_s で ON 期間が π rad とすると，2 つのスイッチング関数はそれぞれ次のようになる．

図4.7 ハーフブリッジ変換回路　　図4.8 高調波成分

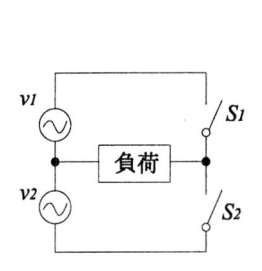

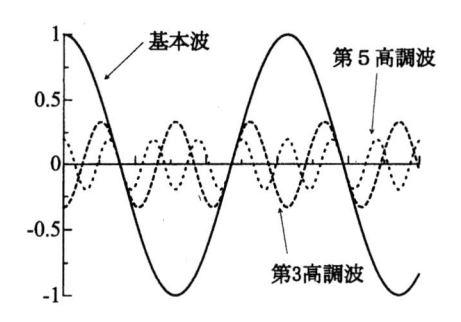

$$S_1(t) = \frac{1}{2} + \frac{2}{\pi} \sum_{k=1,3,5,\cdots}^{\infty} \frac{(-1)^{(k-1)/2}}{k} \cos k\omega_s t \tag{4.3}$$

$$S_2(t) = \frac{1}{2} - \frac{2}{\pi} \sum_{k=1,3,5,\cdots}^{\infty} \frac{(-1)^{(k-1)/2}}{k} \cos k\omega_s t \tag{4.4}$$

電源電圧を

$$v_1 = V_{in} \cos \omega t \tag{4.5}$$

$$v_2 = V_{in} \cos(\omega t - \pi) \tag{4.6}$$

とすると，出力電圧 v_{out} は次のようになる．

$$v_{out} = \frac{2}{\pi} V_{in} \sum_{k=1,3,5,\cdots}^{\infty} \frac{(-1)^{(k-1)/2}}{k} \{\cos(k\omega_s - \omega)t + \cos(k\omega_s + \omega)t\} \tag{4.7}$$

この結果から図の回路での高調波成分を求める．表4.1に各高調波成分の基本波に対する割合を示す．また，図4.8に高調波成分を示す．

ただし，基本波は周波数の最も低い角周波数 $\omega_s - \omega$ である．この結果より $\omega_s \gg \omega$ とすると，スイッチング周波数の3倍の高調波が大きく出ることがわかる．

表4.1 2電源ハーフブリッジ回路における高調波成分

周波数成分	$\omega_s \pm \omega$	$2\omega_s \pm \omega$	$3\omega_s \pm \omega$	$4\omega_s \pm \omega$	$5\omega_s \pm \omega$
基本波に対する割合	1	0	$-1/3$	0	$1/5$

〔例4.1〕 図4.7の2電源ハーフブリッジ回路について ON 期間が α_0 rad，位相が θ_0 の場合の出力を求めよ．

〔解〕 ON 期間が α_0 rad，位相が θ_0 の場合のスイッチング関数は式(4.2)に示す

ようになる．スイッチをそれぞれ S_1, S_2 とすると，両者は必ず一方のみが ON, OFF であるので，それぞれのスイッチング関数は

$$S_1(t) = \frac{\alpha_0}{2\pi} + \frac{2}{\pi}\sum_{k=1}^{\infty}\frac{\sin(k\alpha_0/2)}{k}\cos k(\omega_s t - \theta_0) \tag{4.8}$$

$$S_2(t) = 1 - S_1(t) \tag{4.9}$$

である．よって，

$$\begin{aligned}
V_{out} &= V_{in}\cos\omega t S_1 + V_{in}\cos(\omega t - \pi)S_2 \\
&= V_{in}\cos\omega t(2S_1 - 1) \\
&= V_{in}\frac{\alpha_0 - \pi}{\pi}\cos\omega t + V_{in}\frac{4}{\pi}\sum_{k=1}^{\infty}\frac{\sin(k\alpha_0/2)}{k}\cos\omega t \cos k(\omega_s t - \theta_0) \\
&= V_{in}\frac{\alpha_0 - \pi}{\pi}\cos\omega t \\
&\quad + V_{in}\frac{2}{\pi}\sum_{k=1}^{\infty}\frac{\sin(k\alpha_0/2)}{k}[\cos\{(k\omega_s - \omega)t - k\theta_0\} + \cos\{(k\omega_s + \omega)t - k\theta_0\}]
\end{aligned} \tag{4.10}$$

式 (4.10) の第 1 項は電源周波数と同じ周波数成分となる．このようにスイッチング周波数や ON 期間，位相を変化させることによって，様々な出力を得ることが可能である．次に各パラメータを変化させた場合について示す．

a. スイッチング周波数および位相を変化させた場合　式 (4.10) においてスイッチング周波数 ω_s を変化させた場合について考える．第 1 項は電源周波数と同じ成分である．基本成分が第 1 項だと，スイッチング周波数への依存性はなくなる．$\alpha_0 = \pi$，つまり両スイッチの ON 期間が同じであれば第 1 項はゼロとなるので，ここではこの場合について考える．基本成分は第 2 項で $k=1$ のときであり，今 $\alpha_0 = \pi$ であるので，次のように表せる．

$$V_{out,1} = V_{in}\frac{2}{\pi}\cos\{(\omega_s - \omega)t - \theta_0\} \tag{4.11}$$

よって，図の回路は ω_s と ω の関係から次の 2 通りの機能に分けられる．

- $\omega_s > \omega$ のとき

  基本成分は $\omega_s - \omega$ の周波数をもつ交流である．よって，AC-AC 周波数変換器．さらに θ_0 を変化させると，出力の位相も変化させることができる．

- $\omega_s = 2\omega$ のとき

  基本成分は $\omega_s - \omega = \omega$ となり，電源周波数と同じとなる．よって，位相変換器となる．

- $\omega_s = \omega$ のとき

  基本成分の周波数 $\omega_s - \omega$ がゼロになるため，出力は直流となる．よって，AC-DC 変換器，つまり順変換器．振幅は位相によって変化させることができる．

  b. ON 期間を変化させた場合　式 (4.10) において，ON 期間 α_0 を変化させた場合について考える．基本成分は第 1 項となり，α_0 を変化させることで電源と同じ周波数をもつ出力の振幅を変化させることができる．ただし，この回路のみでは入力以上の振幅を出すことはできない．

4.2.3　入力電源が直流の場合のスイッチング

次に入力電源が直流の場合について検討する．図 4.9 に入力電源が直流の場合のハーフブリッジ回路を示す．式 (4.10) において，$\omega \to 0$ とすればよいから，

$$V_{out} = V_{in}\frac{\alpha_0 - \pi}{\pi} + V_{in}\frac{4}{\pi k}\sum_{k=1}^{\infty}\sin\frac{k\alpha_0}{2}\cos(k\omega_s t - k\theta_0) \tag{4.12}$$

となる．そして，第 1 項は直流成分，第 2 項は交流成分となる．ここで，出力に直流が必要な場合は α_0 を変化させることで，チョッパとして直流成分の大きさを制御することができる．また，両スイッチの ON 期間が等しい場合は，第 1 項がゼロになるため，出力の基本成分は

$$V_{out,1} = V_{in}\frac{4}{\pi}\cos(\omega_s t - \theta_0) \tag{4.13}$$

となる．よって，この回路はインバータとして動作し，スイッチング周波数を変化させることで出力の周波数を，位相を変化させることで出力の位相を制御することができる．

〔**例 4.2**〕　図 4.10 に示すような電源が 3 つ，スイッチが 3 つの回路で電源が平衡三相交流である場合のスイッチング関数および基本成分を求めよ．

〔**解**〕　電源が平衡三相交流であるので，それぞれのスイッチング幅は $2\pi/3$，位相は $2\pi/3$ ずつずれることになる．よって式 (4.2) で $\alpha_0 = 2\pi/3$，$\theta_0 = 0, 2\pi/3, 4\pi/3$ となるから，それぞれのスイッチング関数は次のようになる．

$$S_1 = \frac{1}{3} + \frac{2}{\pi}\sum_{k=1}^{\infty}\frac{\sin(k\pi/3)}{k}\cos k\omega_s t \tag{4.14}$$

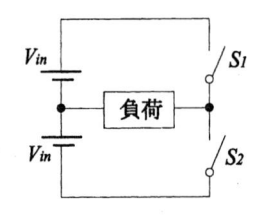

図 4.9 入力が直流電源の場合のハーフブリッジ回路

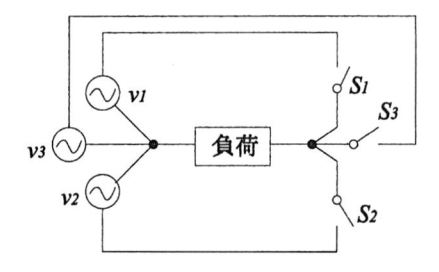

図 4.10 三相ハーフブリッジ回路

$$S_2 = \frac{1}{3} + \frac{2}{\pi}\sum_{k=1}^{\infty}\frac{\sin(k\pi/3)}{k}\cos k\left(\omega_s t - \frac{2\pi}{3}\right) \quad (4.15)$$

$$S_3 = \frac{1}{3} + \frac{2}{\pi}\sum_{k=1}^{\infty}\frac{\sin(k\pi/3)}{k}\cos k\left(\omega_s t - \frac{4\pi}{3}\right) \quad (4.16)$$

$$V_{out} = \sum_{i=1}^{3} S_i v_i = V_{in}\left\{S_1 \cos \omega t + S_2 \cos\left(\omega t - \frac{2\pi}{3}\right) + S_3 \cos\left(\omega t - \frac{4\pi}{3}\right)\right\} \quad (4.17)$$

ここで一般に $\cos A + \cos(A+2\pi/3) + \cos(A+4\pi/3) = 0$ であるから,

$$V_{out} = \frac{3\sqrt{3}}{2\pi} V_{in} \cos(\omega_s - \omega)t + \frac{3\sqrt{3}}{2\pi} V_{in} \sum_{k=1}^{\infty} \frac{(-1)^{(k-1)}}{3k-1}\cos\{(3k-1)\omega_s + \omega\}t$$

$$+ \sum_{k=1}^{\infty}\frac{(-1)^k}{3k+1}\cos\{(3k+1)\omega_s - \omega\}t \quad (4.18)$$

基本波成分は式 (4.18) の第 1 項となる.

$$V_{out,1} = V_{in}\frac{3\sqrt{3}}{2\pi}\cos(\omega_s - \omega)t \quad (4.19)$$

4.2.4 高調波解析

次に PWM 変調により生成した波形の高調波について検討する[3]. ここでは実際のシステムに用いられることが多い, 図 4.2 に示した三角波比較法 PWM を例に考える. 図 4.11 にある時間での基準波と三角波および PWM 出力波形を示す.

基準波と三角波を比較することにより, スイッチの ON-OFF, つまり PWM 出力波形が決定する. ここで, スイッチが OFF になるときを θ_{OFF}, ON になるときを θ_{ON} とする. 搬送波である三角波の周波数を ω_s とすると, 図より, 出力電圧 v_{out} について,

$\omega_s t \leq \theta_{OFF}$ または $\omega_s t \geq \theta_{ON}$ のとき: $v_{out} = V_{in}$

4.2 スイッチング

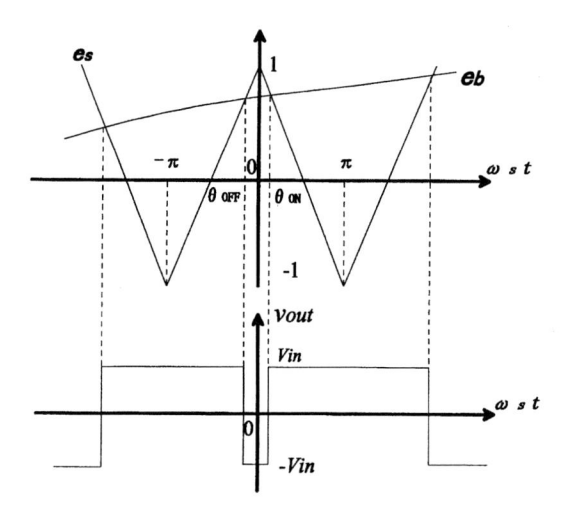

図4.11 ある時間での基準波と三角波およびPWM出力波形

$\theta_{OFF} \leq \omega_s t \geq \theta_{ON}$ のとき：$v_{out} = -V_{in}$

となる．よって v_{out} のフーリエ展開は次のようになる．

$$v_{out} = \frac{V_{in}}{2} \frac{2}{\pi}(\pi + \theta_{OFF} - \theta_{ON}) + V_{in} \sum_{n=1}^{\infty}(a_n \cos n\omega_s t + b_n \sin n\omega_s t) \quad (4.20)$$

ただし，

$$a_n = \frac{2}{n\pi}(\sin n\theta_{OFF} - \sin n\theta_{ON})$$
$$b_n = \frac{2}{n\pi}(-\cos n\theta_{OFF} + \cos n\theta_{ON})$$
$$(4.21)$$

となる．

また，θ_{OFF} と θ_{ON} は基準波と三角波の電圧が等しくなるところである．そして基準波 e_b と三角波 e_s は次のように定めることができる．

$$e_b = e_0 \sin(\omega_0 t - \varphi)$$
$$e_s = 1 + \frac{2}{\pi}\omega_s t \quad (\pi < \omega_s t < 0) \quad (4.22)$$
$$= 1 - \frac{2}{\pi}\omega_s t \quad (0 < \omega_s t < \pi)$$

よって，

$$\theta_{OFF} = \frac{\pi}{2}\{e_0 \sin(\omega_0 t + \varphi) - 1\}$$
$$\theta_{ON} = -\frac{\pi}{2}\{e_0 \sin(\omega_0 t + \varphi) - 1\} \tag{4.23}$$

となる．これらを式 (4.21) に代入すると，

$$a_n = \frac{4}{n\pi} \sin\left[\frac{n\pi}{2}\{e_0 \sin(\omega_0 t + \varphi) - 1\}\right] \tag{4.24}$$
$$b_n = 0$$

これらの結果から出力 v_{out} は次式で表すことができる．

$$v_{out} = V_{in}e_0 \sin(\omega_0 t + \varphi) + V_{in}\sum_{n=1}^{\infty} \frac{4}{n\pi} \sin\left[\left(\frac{n\pi}{2}\right)\{e_0 \sin(\omega_0 t + \varphi) - 1\}\right] \cos n\omega_s t \tag{4.25}$$

ここで，式 (4.19) の第 1 項が基本波成分，第 2 項が高調波成分となる．

4.3 スイッチ素子の保護回路

パワーエレクトロニクス回路におけるスイッチ素子の動作は，スイッチングがなされる回路状態によっては素子に大きなストレスを与え，素子の破壊に至る．従来より，電力変換回路は連続的に使用することを要求されており，素子の破壊が頻発するようでは機器としての信頼性を失うばかりでなく，機能性の高い機器を使用できないということになる．そのために，スイッチ素子の保護を考える必要がある．本節では，そのような方策について簡単に述べる．

4.3.1 異常電流，電圧の発生と影響

異常電圧，電流の発生は回路の断続に伴って発生するもので，回路素子の異常動作，焼損を招くことになる．

まず，遮断状態でスイッチを ON とすると，回路に急激に電流が流れ始める．そのときの時定数は閉路中のインダクタンスで決まる．あまり急激な電流変化 di/dt が生じると，スイッチ素子内部の半導体接合部の電流密度が過大となり，素子の焼損を招く危険性がある．スイッチ素子には臨界電流上昇率の制限がある．

次に，スイッチング回路が誘導性の負荷を有する場合について考える．図

4.12にスイッチング回路の等価回路を示す．通電中にスイッチをOFFとすると，スイッチの両端に次の電圧 V_{SW} が現れる．電源が直流の場合，環流ダイオードを使用するため，V_{SW} は

$$V_{SW}=E_1+L_1\frac{di_1}{dt}+L\frac{di_2}{dt}+Ri \tag{4.26}$$

となるが，環流ダイオードにより $L\frac{di_2}{dt}+Ri$ の項の電圧が抑制されるため，スイッチ素子に掛かる電圧はスイッチがOFFになる直前の電流で決まる．一方，電源が交流の場合には環流ダイオードがなく，$i_1=i_2=i$ となり，

$$V_{SW}=E_1+L_1\frac{di}{dt}+L\frac{di}{dt}+Ri \tag{4.27}$$

となって，負荷のインダクタンスに生じる誘導電圧が直接スイッチ素子に掛かることになる．これにより素子の2次降伏現象が発生する危険性がある．

また，半導体接合部の接合容量があり，電圧の上昇率 dv/dt が大きいと接合部に電流が流れ，スイッチがON状態になる場合がある．すなわち制御動作が不安定となる．したがってスイッチ素子には臨界電圧上昇率の制限がある．

これらの異常電圧，電流に対して，各電圧，電流をスイッチの安全動作領域限界内に抑制する工夫が回路設計上必要となる．

4.3.2　$\dfrac{di}{dt}$ 抑制回路

電流の変化を押さえるために主回路中のインダクタンスを大きくすることは

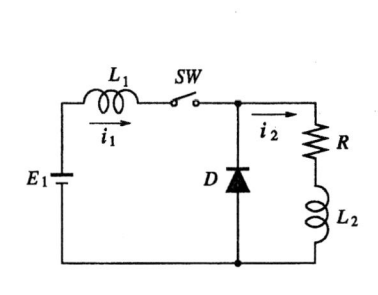

図4.12　誘導性負荷を負ったスイッチング回路

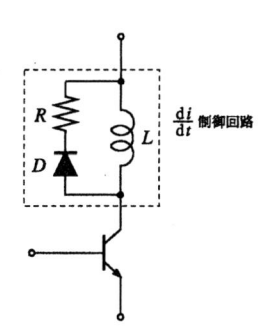

図4.13　$\dfrac{di}{dt}$ 抑制回路

効果があるが，上述の理由で異常電圧を引き起こす原因になる危険性が高い．したがって，インダクタンスの電流変化抑制効果を利用しかつその電圧異常を抑制する機能を付加した回路が必要となる．図 4.13 がその回路の例である．インダクタンスの電流変化で誘導された異常電圧に伴うエネルギーをダイオードと抵抗の閉路で消費することにより，電流変化の抑制機能だけを利用しようとしたものである．

4.3.3 スナバ回路

スナバ回路は，スイッチ素子の OFF 動作に伴う，異常電圧による素子の破壊や誤動作を防ぐことを意図して付加される回路である．交流回路では，環流ダイオード使用することができないので，スイッチと平行に CR 直列回路を接続し，インダクタンスに蓄えられたエネルギーを吸収させる．この CR 回路をスナバ回路と呼ぶ．回路図を図 4.14 に示す．スナバ回路の挿入の有無による，スイッチ開閉時の電流・電圧の状態を図 4.15 に示す．

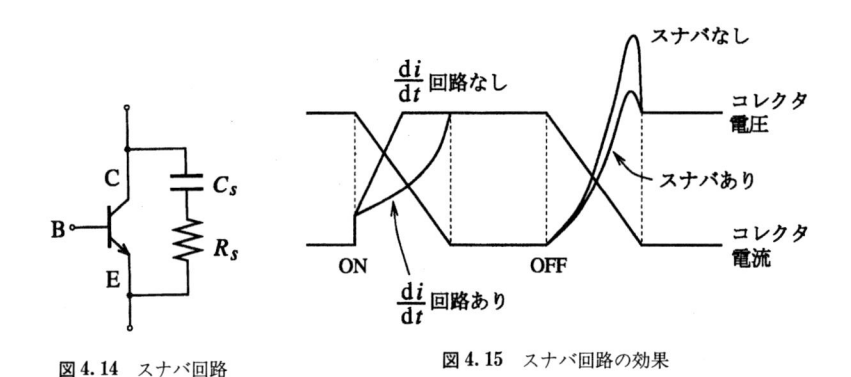

図 4.14　スナバ回路

図 4.15　スナバ回路の効果

〔例 4.3〕　スナバ回路の C_s, R_s の決定法

図 4.14 のスナバ回路の C_s, R_s は，回路中のインダクタンスが電流導通状態で保持しているエネルギーを C_s で吸収できるように設定する必要がある．吸収される側のエネルギーが吸収する側のエネルギー容量より小さければよいので，直流電圧を E，コレクタ電流を I_c，コレクタ・エミッタ間電圧を V_{ce} とすると，

$$\frac{1}{2}L_s I_c^2 \leq \frac{1}{2}C_s(\max(V_{ce})^2 - E^2) \tag{4.28}$$

が得られる．L_s は与えられているので，この関係より C_s が導かれる．一方，減衰係数 γ は

$$\gamma = \frac{R_s}{2}\sqrt{\frac{C_s}{L_s}} \tag{4.29}$$

であるため，減衰係数を設定すれば R_s が決定できる．しかしながら，R_s にはスナバ回路からトランジスタへの突入電流 I_s が戻る際の上限による制限があり，

$$R_s \geq \frac{E}{I_s} \tag{4.30}$$

の条件を満たすように選ぶ必要がある．

4.4 高調波の抑制

本節では，スイッチング制御で抑制仕切れなかった高調波をフィルタにより抑制する方法について述べる．

4.4.1 整流による高調波の発生

ダイオードブリッジ整流回路で交流を直流に変換する場合を考える．図 4.16 の a のダイオードブリッジで交流を整流すると，図 4.16 の b のような脈流が生じる．ダイオード1個の順方向抵抗を R_D，負荷抵抗を R_L とする．交流電圧を $E_s = E_m \sin \omega t$ とすると，ダイオードを流れる電流の直流成分 I_{DC} は，

$$I_D = \frac{1}{T}\int_0^T \frac{|E_s|}{R_L + 2R_D} dt = \frac{2}{\pi}\frac{E_m}{R_L + 2R_D} \tag{4.31}$$

したがって，負荷時の出力電圧は

$$V = \frac{1}{T}\int_0^T \frac{R_L|E_s|}{R_L + 2R_D} = \frac{2}{\pi}\frac{R_L E_m}{R_L + 2R_D} \tag{4.32}$$

で与えられる．無負荷時の直流出力電圧は

$$V_o = \frac{2}{\pi} E_m \tag{4.33}$$

であるので，電圧変動率 ε として，

$$\varepsilon = \frac{2R_D}{R_L + 2R_D} \tag{4.34}$$

が得られる．この変動はすべて，高調波による波形歪みの影響と考えればよい．このままでは，電圧変動が多くて整流された直流は使用に耐えないものと

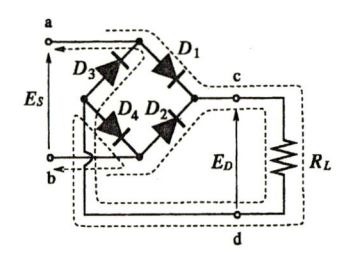

図 4.16　ダイオードブリッジ整流回路

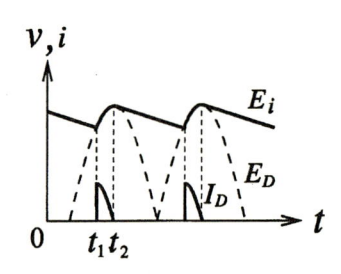

図 4.18　整流および平滑波形

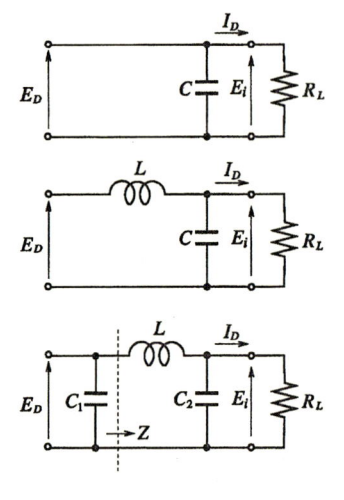

図 4.17　フィルタ回路

なる．

ここではダイオードブリッジの場合について示したが，サイリスタやトランジスタを使用した場合も基本的には同じである．

4.4.2　フィルタによる高調波の抑制

前節で述べたように，整流回路の出力は高調波を多く含むため電圧変動率が大きく，よりよい直流出力を得るためには，フィルタ（平滑回路）を整流回路の後段に接続する必要がある．電源の出力には電圧と電流がある．前節の議論では電圧を中心に述べたが，電流にも同様のスイッチングによる歪みがある．電圧の歪みを除去するためにはキャパシタンスが，電流の歪みを除去するためにはインダクタンスが用いられる．図 4.17 にフィルタの代表的なものを示す．直流に乗った歪みを除去するには低域通過フィルタを使用する（交流の歪みを取るには帯域通過フィルタを使用するのが通常である）．この出力において，図 4.18 に示すように脈流が平滑化されて，電圧，電流の変動を小さくすることが可能となる．脈流電圧のピーク値に達した後キャパシタンス両端の電圧に

より電位の変化が抑制される．その放電にしたがって電位が低下するが，次の脈流の電圧がその端子電圧より上がると再び蓄電され，電位がピーク値まで回復する．このように，キャパシタンスにより出力電圧の変化が抑制される．

以上のように，変換回路の出力を希望の電圧あるいは電流波形にしたい場合には，フィルタを用いて不要な調波成分を除去する必要がある．その設計は，容量に注意すれば電子回路におけるフィルタの設計法を適用することができる．

4.4.3 共振形回路

共振形回路は元々，自己消弧(スイッチ・オフ)ができないサイリスタ素子において，適当な時間ごとにスイッチ・オフが可能となるように出力回路側に振動回路を構成し，電流がゼロ点を形成するようにしたものである．近年は自己消弧(スイッチ・オフ)が可能なGTO・トランジスタ・FETといった素子が用いられているが，これらを高周波でスイッチングしたときにスイッチング損失が大幅に増大することとなった．そこで，このスイッチング損失を低減する手法として，再び共振形回路が注目され，様々な回路構成が提案されるに至っている．共振回路を用いると，電圧・電流がゼロ点を形成するため，電圧がゼロの間にスイッチをON-OFF (zero voltage switching)するか，電流がゼロの間にスイッチをON-OFF (zero current switching)すれば，ほとんどスイッチング損失を生じない．しかし，電圧・電流がゼロである時間は相対的に短く，スイッチングのタイミングに制約が出てくる．また，共振回路の構成要素が増えるため，そこでのコストの増加や定常損失の増加が新たな問題となる．様々な回路の提案はこれらの制約を緩和するために考案されたといってもよい．

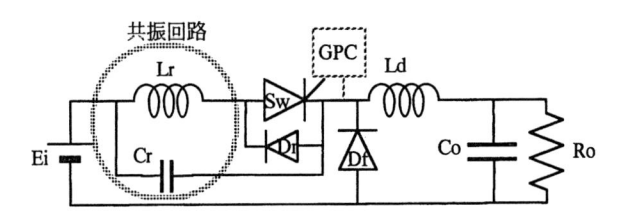

図 4.19 共振回路 (L_r, C_r) をもつ降圧形チョッパ回路

ここでは，降圧形チョッパ回路を用いて，共振形回路の動作原理を説明する．図 4.19 に共振回路 (L_r, C_r) をもつ降圧形チョッパ回路を示す．L_r はサイリスタがスイッチオンしたときに電流が急激に増えるのを抑制し，サイリスタ素子の抵抗が十分に低くなってから，電流が増加する．したがって，ほぼゼロ電流スイッチング (ZCS) が実現される．一方，C_r はスイッチオンのときには E_i の電圧に充電されているが，L_r の電流が L_d の電流と等しくなると放電し，続いて逆方向に充電される．L_r の電流がゼロになると，その後，電流は逆並列ダイオードを通して逆方向に流れ，その間にサイリスタ素子はオフする．このとき，サイリスタにはダイオードの順方向電圧だけが掛かるが，実質的にはゼロ電圧スイッチング (ZVS) になっている．図 4.20 と図 4.21 に各部の電圧・電流波形を示す．サイリスタ素子に流れる電流のオン・オフのときの変化の様子を注意して見てみよう．この回路ではサイリスタ素子のスイッチング損失は大きく低減できるが，L_r, C_r, D_r という素子が余分に必要となり，コストが増加する．また，実際の L_r, D_r は抵抗があるため損失が出る．その増加する損失よりもスイッチング損失が十分大きく低減できることが，共振回路を用いたソフトスイッチング方式採用の条件である．

図 4.20 と図 4.21 にこの共振回路をもつ降圧形チョッパ回路の各部波形を示したので，動作の概要を見ていこう．

図 4.19 の共振回路 (L_r, C_r) をもつ降圧形チョッパ回路において，一定抵抗の負荷に対し定常動作が行われている状態を想定し，L_d にはほぼ一定の電流が流れているものとする．この回路をスイッチング周波数 15 kHz，スイッチのデューティ比 0.25 で動作させたときの L_r と L_d の電流波形を図 4.20 に示す．また，その拡大図 (0 から 30 ms の間) を図 4.21 に示す．回路の変化は図 4.22 に示すように，5 つのモードに分けられる．各モードの動作について順を追って説明する．

Mode I：初期の状態 (Mode V と同じ) では，ダイオード Df を通って L_d に電流が流れている．スイッチ素子 Sw がスイッチオンすると Mode I が始まる．このときに L_r は電流が急激に増えるのを抑制する．その結果，スイッチ素子の抵抗が十分に低くなってから，電流が増加する．したがって，ゼロ電流スイッチング (ZCS) がほぼ達成される．L_r の電流が L_d の電流と等しくな

4.4 高調波の抑制

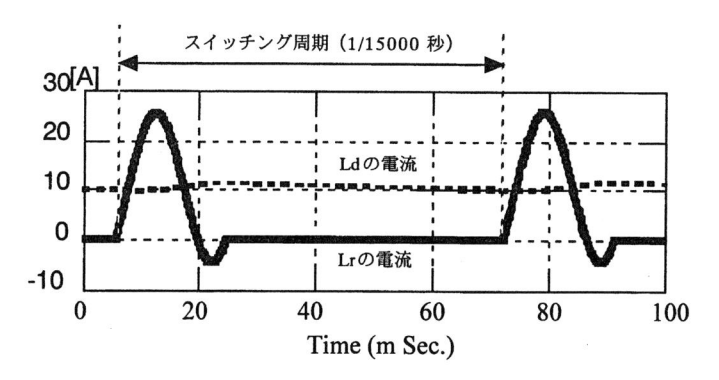

図4.20 共振回路をもつ降圧形チョッパ回路の1周期の電流波形

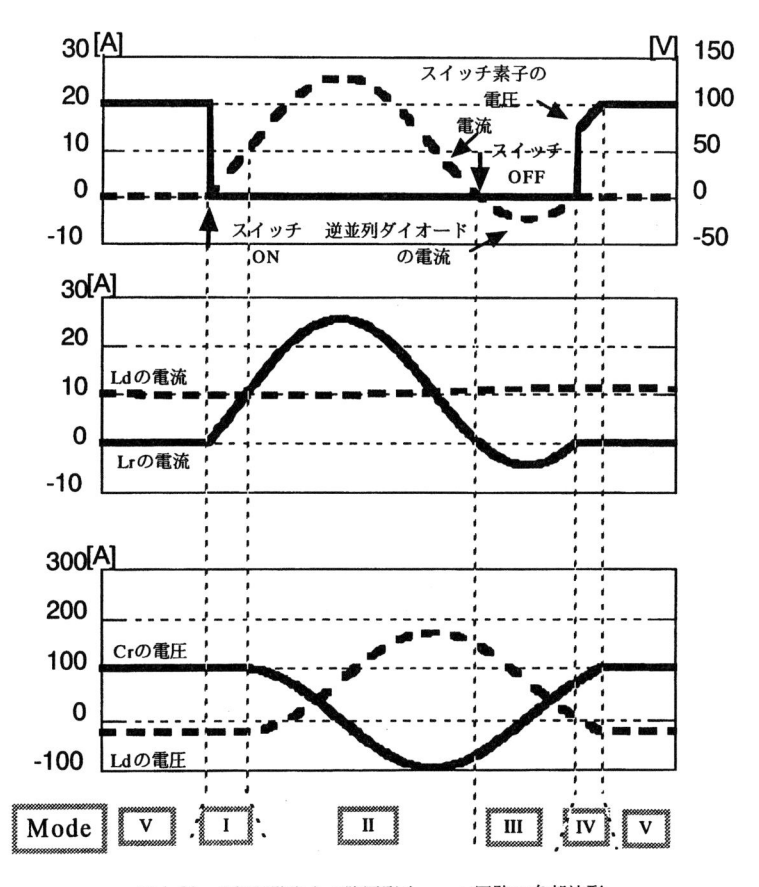

図4.21 共振回路をもつ降圧形チョッパ回路の各部波形

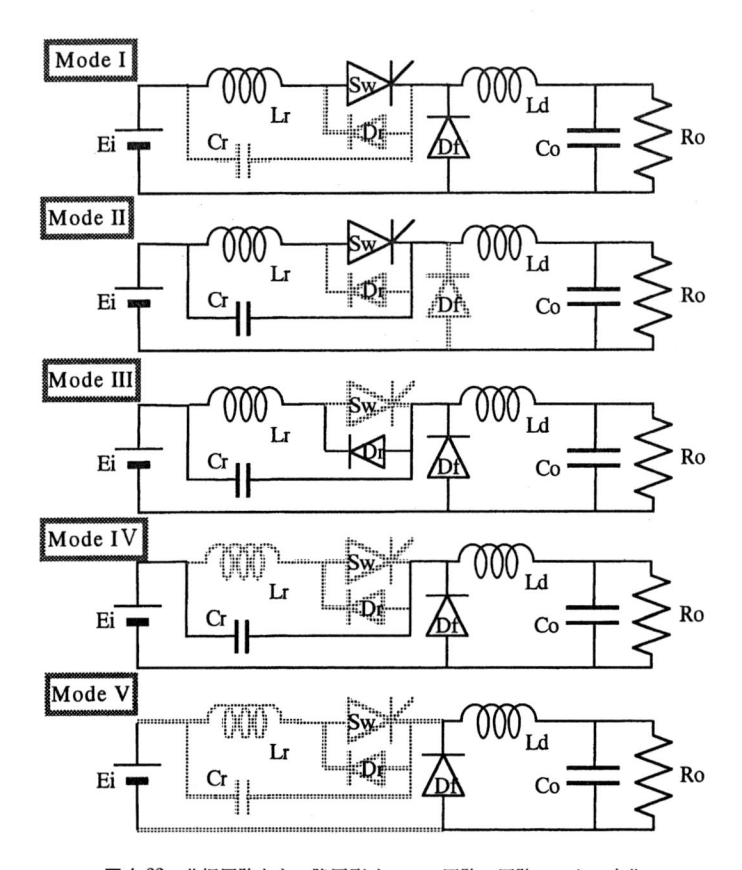

図 4.22 共振回路をもつ降圧形チョッパ回路の回路モードの変化

るまではフリーホイーリングダイオード (Df) に電流が流れ続けるため，L_1 には入力電圧 E_i が掛かる．L_r の電流が L_d の電流と等しくなると，Df はスイッチオフし，Mode II が始まる．この Mode I の期間は L_r の電流が直線的に増えていき L_d の電流に等しくなるまで続く．一方，L_d の電流は非常にゆっくりとであるが，減少している．

　Mode II：Df がスイッチオフすると，L_r の電流と L_d の電流は等しくなり，入力電圧 E_i と出力電圧 V_{co} の差が L_r と L_d の直列回路に掛かる．一方，C_r はスイッチオンのときには E_i の電圧に充電されているが，Df がスイッチオフすると放電を開始する．L_r の電流は正弦波状に増大し，次に C_r は逆方

向に充電される．L_r の電流が下降してゼロになり，さらに逆電流が逆並列ダイオード Dr を流れるようになると，Mode III が始まる．Mode II の期間で L_d に掛かる電圧が正になると L_d の電流は増加する．

Mode III：L_r の電流は逆並列ダイオード Dr を通して逆方向に流れ，その間にスイッチ素子はオフする．このとき，サイリスタにはダイオードの順方向電圧分だけ逆電圧がかかるが，実質的にはゼロ電圧スイッチング (ZVS) になっている．逆並列ダイオード Dr の電流は C_r の電圧が高くなると減少していき，ゼロになった時点でダイオードは導通をやめる．そして，Mode IV に移行する．

Mode IV：スイッチ素子 Sw も既にスイッチオフしているので，電流は C_r の充電電流のみとなる．C_r の電圧が電源電圧に等しくなると，フリーホイーリングダイオード (Df) がスイッチオンし，Mode V に移行する．

Mode V：この状態では，ダイオード Df を通って L_d に電流が流れている．L_d には出力電圧 V_{co} が逆方向に掛かり，電流は徐々に減少する．しかし，出力電圧 (25 V) は入力電圧 (100 V) に比べて小さいので，スイッチング周期の間に減少するのはわずかである．その結果，L_d にはほぼ一定の電流が流れ，出力電圧 V_{co} もほぼ一定となる．

L_r の電流波形からもわかるように Mode II から Mode III にかけて，共振現象を利用している．この共振現象で Sw の電流をゼロにして，かつ逆電圧期間 (逆並列ダイオード Dr の導通期間) をもたせている．そのためには，共振電流の振幅が L_d の電流よりも十分大きくなければならず，L_r に流れる電流の最大値は L_d の電流の 2 倍以上となり，L_r やスイッチ素子での導通損失が増加する原因となる．

〔例 4.4〕 ここで C_r, L_r と L_d の選定法について考察してみよう．

条件：入力電圧 $E_i=100$ V，出力電圧 $V_{co}=25$ V，出力電流 $I_o=10$ A，負荷抵抗 $R_o=2.5$ Ω．

共振周波数をスイッチング周期より十分に小さくする必要がある．一方，共振電流の振幅は L_d に流れる電流より，十分大きくなければならない．また，スイッチング周期そのものは出力電流・電圧に影響を与える．ここでは，スイッチング周波数を 15 kHz に設定して，C_r, L_r と L_d を選定してみる．$f_s=15000$，$T_s=1/f_s=66.67\mu$s，単一スイッチの降圧コンバータでは，出力電圧 V_{co} と入力電圧 E_i の関係はデュー

ティ比 d_F を用いて,
$$V_{co} = d_F \times E_i \tag{4.35}$$
と表される。共振スイッチングではこの値からずれるのであるが,大まかにこの値をデューティ比 d_F として用いることにする。
$$d_F = V_{co}/E_i = 25/100 = 0.25 \tag{4.36}$$
するとスイッチオンの時間は
$$T_{on} = T_s \times d_F = 66.67 \times 0.25 = 16.67 \mu s \tag{4.37}$$
この時間が共振周波数の3/4周期より少し長い時間であればよい。そこで,$T_r = 20 \mu s$, $f_r = 50$ kHz として,適当な C_r, L_r を選んでみよう。図4.20では,$L_r = 20 \mu H$ とすると,$C_r = 0.5 \mu F$, $X_r = 6.28 \Omega$ となり,C_r, L_r の共振電流の振幅は $I_{r-peak} = 15.9$ A となるので,先に述べた条件を満たす定数として選定した。
$$C_r = 0.5 \mu F, \quad L_r = 20 \mu H, \quad L_d = 2 mH$$
L_d はスイッチング周期で電流の変動が小さいという条件から選ぶことにする。出力電圧25Vで1スイッチング周期の変動幅は,
$$\Delta I = V_{co}/L_d \times T_s < 10A \times (1/10) = 1A \tag{4.38}$$
程度あってもゼロ電流スイッチング(ZCS)が可能であるので,
$$L_d \geq (25 \times 66.67 \times 10^{-6})/1 = 0.0016H \tag{4.39}$$
となる。L_d を大きくすれば変動は,より小さくなるが,大きなインダクタンスは価格・素子の大きさが,ともに大きくなるので,最小限とするのが良い選択である。

このような共振回路を使って,ソフトスイッチングを行う場合,スイッチオフのタイミングは共振周波数により,ほぼ固定されてしまう。そのため,単一スイッチを用いた回路とは異なり,デューティ比による出力制御が使えない。したがって,出力制御にはスイッチング周波数を変化させる。出力とスイッチング周波数の関係を知るには,より精密な解析が必要である。各モードにおける電圧・電流の式を求めることは,読者への課題としたい。

演 習 問 題

4.1 ダイオードブリッジ整流回路の後段にコンデンサ入力フィルタを接続し,脈流電圧の平滑化を行う。電圧変動率を求め,そのキャパシタンス容量 C 依存性を導出せよ。

4.2 電源が4つ,スイッチが4つの回路で電源が平衡交流である場合のスイッチング関数および基本成分を求めよ。また,その場合の高調波成分を求めよ。

4.3 〔例4.4〕においてスイッチング周波数を100 kHz とした場合の C_r, L_r と L_d を選定せよ。

参 考 文 献

1) 電気学会半導体電力変換方式調査専門委員会編:半導体電力変換回路,電気学会,1987
2) 正田英介,深尾 正,嶋田隆一,河村篤男:パワーエレクトロニクスのすべて,オーム社,1995
3) 高橋 勲,宮入庄太:PWMインバータの出力波形とゲート制御信号との関係,電気学会論文誌,**95B**(2), 73-80, 1975
4) 藤田 宏:電気機器,森北出版,1991
5) 電力変換器の高性能スイッチング技術調査専門委員会:電力変換器の高性能スイッチング技術,電気学会技術報告,第761号,1998

5. 永久磁石形サーボドライブと瞬時ベクトル制御

5.1 円筒形永久磁石モータの構造と動作原理

円筒形回転子 (cylindrical rotor) をもつ永久磁石形モータ (permanent magnet motor) は優れたトルク制御特性をもつためサーボモータとして多く用いられている．図5.1(a) は断面図を示している．回転子鉄心には永久磁石が貼り付けられ，回転子表面には2つのN，S極を形成している．磁束が円周方向に正弦波分布 (sinusoidal distribution) になるように永久磁石の厚み，形状が

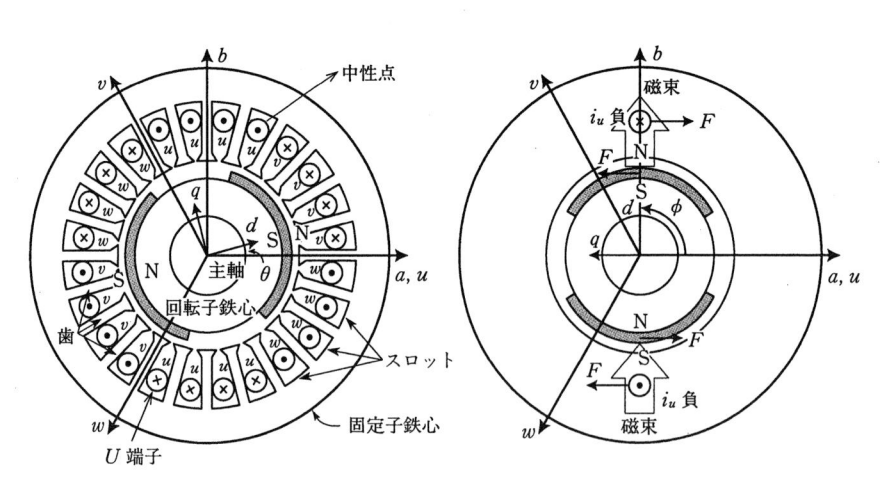

(a) 回転機の構造　　　　(b) トルク発生原理 ($\phi=90°$)

図 5.1　円筒形永久磁石モータ

5.1 円筒形永久磁石モータの構造と動作原理

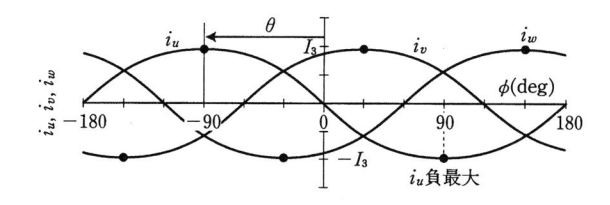

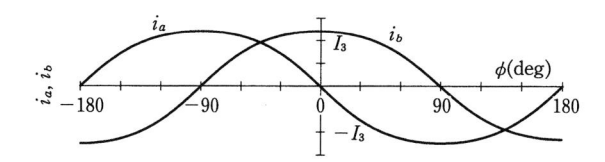

図 5.2 三相電流と二相軸上の電流

工夫されている．固定子鉄心のスロットには u, v, w の三相巻線が施されている．u 相の端子から中性点に向けて電流が流れ，●で示す導体は紙面の上方向に電流が突き抜け，×で示す導体は紙面の下方向に突き抜ける．この結果，u 軸方向に起磁力が発生する．他に，v, w 相巻線が $2\pi/3$ ずつ相をずらした位置に配置されており，正方向の電流を流すとそれぞれ，v, w 軸方向に起磁力が発生する．

トルク発生原理を固定子の歯を省略した場合について考えてみよう．図 5.1 (b) は回転子が反時計方向に回転し，u 軸方向から回転角度位置 $\phi = \pi/2$ にある場合を描いている．u 相の導体付近では，永久磁石により発生する磁束は大きい矢印で示すように下から上方向に発生する．u 相巻線に負の電流を流すとフレミングの左手の法則により上の導体に u 軸方向，下の導体に u 軸負方向の力が発生する．固定子は固定されているので，回転子には反作用の力が発生する．この結果，回転子を反時計方向に回転させようとするトルクが発生する．回転子の回転角度位置 ϕ を検出し，常に回転子磁極方向に位置する固定子巻線に電流を流すことによりトルクを連続的に，かつ有効に発生することができる．

〔例 5.1〕 トルクを発生するためには回転子の回転角度位置 ϕ に応じて対称三相交流電流 i_u, i_v, i_w を供給する．回転子に反時計回りにトルクが発生するためにはどのような相順，位相で電流を流せば効果的か．数式で表し，電流波形を描け．

〔解〕 u 相起磁力方向に対して v, w 相はそれぞれ, $2\pi/3, 4\pi/3$ 回転方向に位置するので,

$$\begin{bmatrix} i_u \\ i_v \\ i_w \end{bmatrix} = I_3 \begin{bmatrix} \cos(\phi+\theta) \\ \cos(\phi+\theta-2\pi/3) \\ \cos(\phi+\theta-4\pi/3) \end{bmatrix} \tag{5.1}$$

とすればよい.さらに,図 5.1(b) のように $\phi=\pi/2$ で i_u が負の最大値になるようにするためには $\theta=\pi/2$ にすればよい.図 5.2 に $\theta=\pi/2$ のときの三相交流電流波形を示す.なお, $\phi=-150, -90, -30, 30, 90, 150°$ などで回転子と固定子の位置関係,電流分布を描いてみよう.図 5.1(b) と等しい回転子, 電流分布の相対位置になるはずだ.

5.2 定常状態電流と等価電流

三相交流電流は $i_u+i_v+i_w=0$ の関係が成り立つため,独立な変数は 2 つである.式 (5.1) では,振幅 I_3 と位相 θ の 2 つが独立変数である.三相二相変換は三相交流を 2 つの直交する独立な電流に変換する.二相軸上の電流を i_a, i_b とすると,

$$\begin{bmatrix} i_a \\ i_b \end{bmatrix} = \sqrt{\frac{2}{3}} \begin{bmatrix} 1 & -1/2 & -1/2 \\ 0 & \sqrt{3}/2 & -\sqrt{3}/2 \end{bmatrix} \begin{bmatrix} i_u \\ i_v \\ i_w \end{bmatrix} \tag{5.2}$$

である.

三相二相変換された電流は二相交流である.この交流を回転子に固定した d, q 座標系に回転座標変換すると直流量に変換することができる.すなわち, d, q 軸上の電流 i_d, i_q を,

$$\begin{bmatrix} i_d \\ i_q \end{bmatrix} = \begin{bmatrix} \cos\phi & \sin\phi \\ -\sin\phi & \cos\phi \end{bmatrix} \begin{bmatrix} i_a \\ i_b \end{bmatrix} \tag{5.3}$$

と定義する.この固定子座標系から回転子座標系への回転座標変換を dq 変換という. ϕ は回転子の回転角度位置であり,回転子の瞬時角速度を ω とすれば, $\phi=\int\omega dt$ である.一方,回転角速度が一定値 ω であれば, $\phi=\omega t$ である.

〔例 5.2〕 式 (5.1) で与えられる電流を三相二相変換して i_a, i_b を算出せよ.さらに,波形を描け.

〔解〕 式(5.1)を式(5.2)に代入して計算すると,

$$\begin{bmatrix} i_a \\ i_b \end{bmatrix} = \sqrt{\frac{3}{2}} I_3 \begin{bmatrix} \cos(\phi+\theta) \\ \sin(\phi+\theta) \end{bmatrix} \quad (5.4)$$

である. また, i_a, i_b の波形は図 5.2 に $\theta = \pi/2$ について示すように $\pi/2$ 位相がずれた交流電流である.

〔例 5.3〕 i_a が正の最大であるとき, および, i_b が正の最大であるときに発生する起磁力の方向と大きさを求めよ. ただし, 巻数を N とする.

〔解〕 i_a だけに正の電流が流れているときは $i_b=0$ であり, 式(5.4)より $\phi+\theta=0$ である. 式(5.1)に代入すると $i_u=I_3, i_v=i_w=-I_3/2$ である. これらの電流はそれぞれ図 5.1(a) の u, v, w 相方向に起磁力を発生する起磁力ベクトルである. v, w 相の起磁力ベクトルを合成すると u 相軸方向で, 大きさが $NI_3/2$ である. そこで, 全起磁力ベクトルを合成すると $(3/2)NI_3$ になり, 方向は u 相方向であり, a 軸方向である. 同様にして, i_b だけのときは図 5.1 の b 軸方向であり, $(3/2)NI_3$ である.

〔例 5.4〕 式(5.4)の二相交流を dq 変換せよ. また, 三相交流電流の d, q 軸成分とは何か. d, q 軸電流の起磁力の方向を示せ. 電流が q 軸成分だけであるとき, 線電流の実効値 10 A の際の q 軸電流は何 A であるか.

〔解〕 式(5.4)を式(5.3)に代入して計算すると,

$$\begin{bmatrix} i_d \\ i_q \end{bmatrix} = \sqrt{\frac{3}{2}} I_3 \begin{bmatrix} \cos\theta \\ \sin\theta \end{bmatrix} \quad (5.5)$$

である. 時刻 t の項は消えてしまい, i_d, i_q は t に依存しない直流量である. d, q 軸電流の大きさは位相 θ により決定し, $\theta=\pi/2$ の際には $i_d=0$ ですべて q 軸成分である. 一方, $\theta=0$ では, すべて d 軸成分である. 式(5.1)より, i_u では, $\cos\phi$ と同相の成分が d 軸成分, $-\sin\phi$ と同相の成分が q 軸成分である. 図 5.2 の電流波形は $\theta=\pi/2$ の場合を描いており, d 軸成分が 0 であり, すべて q 軸成分である.

d, q 軸電流の起磁力の方向は回転子に固定した座標 d, q 軸の方向であり, 図 5.1 に示す方向である. d 軸方向に発生する起磁力は永久磁石の磁界と等しい方向である. そこで, d 軸成分は界磁調整を行う成分である. 一方, q 軸成分は永久磁石の磁界に直交する起磁力を発生する. 後に 5.4 節で明らかにするように, トルクを発生する成分である. $\theta=\pi/2, I_3=10\sqrt{2}$ A を式(5.5)に代入すると $i_q=17$ A である.

5.3 電圧電流方程式と座標変換

前節で三相交流電流を三相二相変換により二相交流量に変換すること, さらに, 回転座標変換により直流量に変換できることを学んだ. 時々刻々と変化する交流量を直流量に変換すれば電動機の取扱いは簡単化できる. 電圧も電流と

同様にして座標変換することが可能である．そこで，電動機の電圧，電流方程式 (voltage and current equation) を座標変換 (coordinate transformation) すると簡単に電動機の特性を知ることができる．いま，電動機の電圧は，巻線抵抗 (winding resistance) による電圧降下，電動機のインダクタンスにより生じる磁束鎖交数 (flux linkage) の時間微分，永久磁石の発生する磁束により生じる磁束鎖交数の時間微分の和であるので，

$$[v] = [R][i] + P[L][i] + P[\psi] \tag{5.6}$$

である．ここで，$[v], [i], [\psi]$ はそれぞれ，電圧，電流，永久磁石による磁束鎖交数の行列であり，二相軸上では2行1列，三相軸上では3行1列である．直交2軸，あるいは対称三相軸の各成分からなる行列であるので，ベクトルとも呼ばれる．$[R], [L]$ はそれぞれ，電動機の抵抗分，インダクタンスの行列であり，P は時間微分演算子 d/dt である．

座標変換の行列を $[C]$ とし，その逆行列 $[C]^{-1}$ が転置行列 $[C]^t$ に等しいユニタリ行列であるとする．ユニタリ行列を用いるのは変換前後の座標系で電力を不変にするためである．変換後の電圧，電流の行列を $[v'], [i']$ とすると，

$$[v'] = [C][v] \tag{5.7}$$
$$[i'] = [C][i] \tag{5.8}$$

である．式 (5.7) に式 (5.6) を代入し，

$$[v'] = [C]\{[R][i] + P[L][i] + P[\psi]\} \tag{5.9}$$

である．一方，$[C]^{-1} = [C]^t$ であるので，式 (5.8) は $[i] = [C]^t[i']$ に変形できる．この式を式 (5.9) に代入すると座標変換された電圧電流方程式が得られ，

$$[v'] = [C][R][C]^t[i'] + [C]P\{[L][C]^t[i']\} + [C]P[\psi] \tag{5.10}$$

である．ここで，$[C]$ が回転座標変換行列のように時間変化する項を含む場合は，右辺第2項の計算には注意が必要である．すなわち，右辺第2項は

$$[C]P\{[L][C]^t[i']\} = [C]P\{[L]\}[C]^t[i'] + [C][L]P\{[C]^t\}[i']$$
$$+ [C][L][C]^tP\{[i']\} \tag{5.11}$$

である．この式 (5.11) は以下の場合は簡略化できる．すなわち，(a) インダクタンス行列が回転子の回転角度位置 ϕ の項を含まない場合，右辺第1項は0になる．一般に，突極機の場合は ϕ の項を含むが，非突極機の場合は ϕ の項を含まず簡略化できる．(b) 変換行列 $[C]$ が ϕ の項を含まない場合は右辺第2

5.3 電圧電流方程式と座標変換

項は 0 になる．たとえば，三相二相変換行列の場合である．

〔例 5.5〕 三相二相変換行列，d, q 変換行列にて，$[C][C]^t$ が単位行列になることを示せ．

〔解〕 $[C][C]^t$ を計算して単位行列になれば $[C]^t=[C]^{-1}$ であることが証明できる．

$$\sqrt{\frac{2}{3}}\begin{bmatrix}1 & -1/2 & -1/2 \\ 0 & \sqrt{3}/2 & -\sqrt{3}/2\end{bmatrix}\sqrt{\frac{2}{3}}\begin{bmatrix}1 & 0 \\ -1/2 & \sqrt{3}/2 \\ -1/2 & -\sqrt{3}/2\end{bmatrix}=\begin{bmatrix}1 & 0 \\ 0 & 1\end{bmatrix}$$

$$\begin{bmatrix}\cos\phi & \sin\phi \\ -\sin\phi & \cos\phi\end{bmatrix}\begin{bmatrix}\cos\phi & -\sin\phi \\ \sin\phi & \cos\phi\end{bmatrix}=\begin{bmatrix}1 & 0 \\ 0 & 1\end{bmatrix}$$

〔例 5.6〕 図 5.1 に示す電動機の電圧電流方程式は以下の式で与えられる．この式を三相二相変換して二相軸上の電圧電流方程式を導出せよ．

なお，L は自己インダクタンス，M は巻線間の相互インダクタンスの絶対値であり，漏れインダクタンスを ι とすれば，$L=\iota+2M$ の関係がある．ψ は永久磁石により生じる各巻線の磁束鎖交数である．

$$\begin{bmatrix}v_u \\ v_v \\ v_w\end{bmatrix}=\begin{bmatrix}R & 0 & 0 \\ 0 & R & 0 \\ 0 & 0 & R\end{bmatrix}\begin{bmatrix}i_u \\ i_v \\ i_w\end{bmatrix}+\frac{d}{dt}\begin{bmatrix}L & -M & -M \\ -M & L & -M \\ -M & -M & L\end{bmatrix}\begin{bmatrix}i_u \\ i_v \\ i_w\end{bmatrix}+\frac{d}{dt}\begin{bmatrix}\psi\cos\phi \\ \psi\cos(\phi-2\pi/3) \\ \psi\cos(\phi-4\pi/3)\end{bmatrix} \quad (5.12)$$

〔解〕 式 (5.12) と式 (5.6) を比較すると第 1-3 項が対応していることが明らかである．式 (5.2) の三相二相変換行列を $[C]$ とおいて，式 (5.11) を計算する．このとき，式 (5.11) の第 1, 2 項は 0 である．第 3 項の行列の計算は，

$$[C][L][C]^t=\begin{bmatrix}L+M & 0 \\ 0 & L+M\end{bmatrix}$$

になる．式 (5.10) の $[C]P[\psi]$ の項は，$P\phi=\omega$ であるので，

$$[C]P[\psi]=\sqrt{\frac{3}{2}}\omega\psi\begin{bmatrix}-\sin\phi \\ \cos\phi\end{bmatrix}$$

である．以上をまとめると，

$$[v']=\begin{bmatrix}v_a \\ v_b\end{bmatrix}=\begin{bmatrix}R & 0 \\ 0 & R\end{bmatrix}\begin{bmatrix}i_a \\ i_b\end{bmatrix}+\frac{d}{dt}\begin{bmatrix}L+M & 0 \\ 0 & L+M\end{bmatrix}\begin{bmatrix}i_a \\ i_b\end{bmatrix}+\sqrt{\frac{3}{2}}\omega\psi\begin{bmatrix}-\sin\phi \\ \cos\phi\end{bmatrix} \quad (5.13)$$

である．

〔例 5.7〕 三相二相変換された電圧電流方程式を d, q 変換することにより d, q 軸上の電圧電流方程式を算出せよ．この際，式 (5.3) の 2×2 行列を $[C]$ とし，d, q 軸上の電圧 $[v_{dq}]$，電流 $[i_{dq}]$ をそれぞれ，

$$[v_{dq}]=\begin{bmatrix}v_d\\v_q\end{bmatrix}=[C]\begin{bmatrix}v_a\\v_b\end{bmatrix},\quad [i_{dq}]=\begin{bmatrix}i_d\\i_q\end{bmatrix}=[C]\begin{bmatrix}i_a\\i_b\end{bmatrix}$$

とする.

〔解〕 式(5.13)を$[v_{ab}]=[R][i]+P[L][i]+[v_m]$とおく.両辺に$[C]$を乗じると,

$$[v_{dq}]=[C]\{[R][i]+P[L][i]+[v_m]\}$$

二相軸上の電流ベクトルは$[i]=[C]^t[i_{dq}]$であるので上式に代入して,

$$[v_{dq}]=[C][R][C]^t[i_{dq}]+[C]\{P[L][C]^t[i_{dq}]\}+[C][v_m]$$

第2項の微分に注意すると,

$$[v_{dq}]=[C][R][C]^t[i_{dq}]+[C]\{P[L]\}[C]^t[i_{dq}]+[C][L]\{P[C]^t\}[i_{dq}]$$
$$+[C][L][C]^t\{P[i_{dq}]\}+[C][v_m]$$

各項を計算すると,

$$[C][R][C]^t[i_{dq}]=\begin{bmatrix}R & 0\\0 & R\end{bmatrix}\begin{bmatrix}i_d\\i_q\end{bmatrix}$$

第2項は$[L]$が時間変数を含まないため,微分結果は0になる.第3項目は,

$$[C][L]\{P[C]^t\}[i_{dq}]=\omega(L+M)\begin{bmatrix}0 & -1\\1 & 0\end{bmatrix}\begin{bmatrix}i_d\\i_q\end{bmatrix}$$

第4項目は,

$$[C][L][C]^t\{P[i_{dq}]\}=(L+M)\begin{bmatrix}Pi_d\\Pi_q\end{bmatrix}$$

であり,第5項目は

$$[C][v_m]=\sqrt{\frac{3}{2}}\omega\psi\begin{bmatrix}0\\1\end{bmatrix}$$

である.これらをまとめると,以下のd,q軸上の電圧電流方程式を導出できる.

$$[v_{dq}]=\begin{bmatrix}v_d\\v_q\end{bmatrix}=\begin{bmatrix}R & 0\\0 & R\end{bmatrix}\begin{bmatrix}i_d\\i_q\end{bmatrix}+\begin{bmatrix}PL_2 & -\omega L_2\\\omega L_2 & PL_2\end{bmatrix}\begin{bmatrix}i_d\\i_q\end{bmatrix}+\omega\psi_m\begin{bmatrix}0\\1\end{bmatrix} \quad (5.14)$$

ただし,$L_2=L+M$であり,$\psi_m=\sqrt{(3/2)}\psi$である.式(5.12),(5.13)に比較するとϕが消えて簡単になる.

5.4 d,q軸等価回路,トルク

回転座標軸上の電圧電流方程式に基づいて等価回路を描くことができる.図5.3は式(5.14)の電圧電流方程式に基づいた等価回路である.v_d, v_q, i_d, i_qなどの電圧,電流は直流量である.インダクタンスL_2の両端にはi_d, i_qの時間微分に伴う逆起電力が発生する.この逆起電力は過渡状態に発生するが,定常

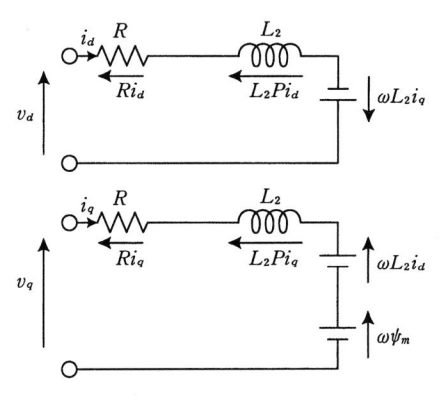

図 5.3 d, q 軸等価回路

状態では 0 である．直流電圧源は速度起電力である．$\omega\psi_m$ は永久磁石の磁束により発生する速度起電力である．

電動機への瞬時入力電力は d, q 軸のそれぞれの等価回路の電圧と電流の積であり，

$$P_i = v_d i_d + v_q i_q \tag{5.15}$$

である．

〔例 5.8〕 図 5.3 に示す回路の瞬時電力を算出し，主軸に発生するトルクを算出せよ．また，トルク制御の手法を考えよ．

〔解〕 式 (5.15) に式 (5.14) を代入すると，

$$P_i = R(i_d^2 + i_q^2) + \omega\psi_m i_q + L_2(i_d P i_d + i_q P i_q) \tag{5.16}$$

第 1 項は巻線で発生する銅損，第 2 項目は軸出力，第 3 項目は後に 6.2 節で明らかにするインダクタンスのエネルギーの変化である．図 5.1 に示した 2 極機では，電流角周波数と回転子の回転角速度が等しく ω である．ω と軸トルク τ の積が軸出力に等しいので，

$$\tau = \psi_m i_q \tag{5.17}$$

である．ψ_m は永久磁石の界磁起磁力により発生する磁束でほぼ一定値である．そこで，瞬時トルク τ は q 軸電流 i_q に比例する．

5.5 直流機との等価性

直流電動機 (DC motor) は制御性がよくサーボモータとして使用されてい

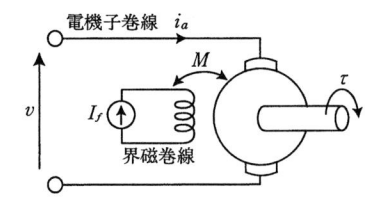

図5.4 直流モータ

る.いま,図5.4に示すように界磁電流をI_f,電機子巻線と界磁巻線の相互インダクタンスをM,電機子電流をi_aとすれば,2極機では,瞬時トルクτは

$$\tau = (MI_f)i_a \tag{5.18}$$

である.電機子抵抗の電圧降下が十分小さいと仮定すると端子電圧は回転角速度をωとして,

$$V = \omega(MI_f) \tag{5.19}$$

である.式(5.18)では,MI_fは界磁巻線電流による界磁磁束であり,永久磁石を用いた直流電動機では永久磁石が発生する界磁磁束ψ_mである.したがって,ほぼ一定値である.そこで,瞬時トルクが電機子電流i_aに比例する.すなわち,電機子電流を制御すればトルクが比例するため制御性がよい.さらに,式(5.19)より,直流機の端子電圧と回転速度は比例する.

一方,永久磁石形同期電動機では,瞬時トルクは式(5.17)で与えられる.すなわち,q軸電流を制御することにより直流機と同等の制御性が実現できる.一方,電圧は,式(5.14)で(1) Rの電圧降下は十分小さい,(2) Pi_d, Pi_qなどの過渡項は十分小さい,(3) $i_d=0$に制御される,(4) 永久磁石の界磁磁束ψ_mは$L_2 i_q$に比較して十分大きい,などを仮定すると

$$v \cong v_q = \omega \psi_m$$

になり,式(5.19)と等価になる.従来の直流モータと同等の良好な制御性をもち,ノイズが少なくメインテナンスフリーであるため,永久磁石サーボモータは広く用いられている.

5.6 ベクトル制御システムの構成

ベクトル制御とは既に示した式(5.6)の電流ベクトル$[i]$あるいは電圧ベク

5.6 ベクトル制御システムの構成

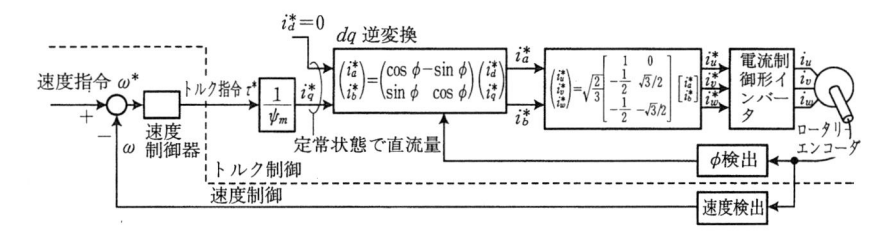

図5.5 永久磁石同期モータの制御システム

トル[v]などをインバータにより制御してトルク τ を制御しようとするものである．図5.5は永久磁石同期モータのベクトル制御システムを示している．まず，トルク指令値 τ^* を永久磁石の界磁磁束で除算し，q 軸電流指令値 i_q^* を算出する．さらに，d 軸電流の指令値 i_d^* は0とし，dq 逆変換を行うことにより二相軸上の電流指令値 i_a^*, i_b^* を算出する．この逆変換には回転子の回転角度位置 ϕ が必要であり，モータ主軸に直結した回転角度センサにより検出する．i_a^*, i_b^* は三相二相変換の逆変換，すなわち，二相三相変換により三相電流指令値 i_u^*, i_v^*, i_w^* に変換される．電動機に流れる電流がこの電流指令値に追従するように電流制御形インバータにより電動機電流を供給する．このようにシステムを構成することによりトルク指令値 τ^* と一致したトルク τ が電動機に発生する．

速度制御を行う際には点線部分の左下の制御ブロックが必要になる．すなわち，速度を検出し，速度指令値と比較し，その速度誤差を比例積分制御器などで増幅し，トルク指令値を発生する．このようにシステムを構成すれば，常に速度指令値に追従した速度で電動機は回転する．

Tea Time

本章では，基本的な表面磁石貼り付け形の永久磁石機を取り上げたが，永久磁石機の種類，駆動方法は多様化している．トルク制御性がよいもの，効率が高いもの，制御や駆動回路が簡単なもの，位置決めに適するものなど用途ごとに最適化されつつある．

正弦波電流波形で駆動される円筒形永久磁石形同期機は，トルクリプルが少なく，高性能なサーボモータとして用いられる．一方，電流波形が120°通流の方形波である簡単な場合をブラシレスDCモータと呼ぶ．

永久磁石を回転子内部に埋め込んだIPMモータ (interior permanent magnet motor) は，効率が高く，定出力速度範囲が広い特長があり，エアコン，自動車駆動などに用いられている．今後，さらに，新しい回転機構造，駆動方法が出現する可能性が高く，諸君の新しい提案が期待される．

演 習 問 題

5.1 線間電圧実効値200Vで正弦波駆動される永久磁石モータがある．a, b軸の電圧実効値を求めよ．また，q軸電圧が0であるという．d軸電圧を求めよ．

5.2 式(5.12)で$L=\iota+2M$が成り立つことを説明せよ．

5.3 式(5.14)において巻線の電圧降下が十分小さいと仮定できるときに，定常状態でのフェーザ図を描け．(a) まず，d, q軸の取り方，回転子の回転方向，位相進み角の正方向はどのように決定すべきか．(b) 電圧フェーザ，電流フェーザを示せ．この際，$i_d<0$とし，力率が1近くになることを示せ．(c) 右辺第2項の2×2行列にて負号がつく速度起電力があるのはなぜかを説明せよ．

5.4 式(5.14)の電圧電流方程式を状態方程式で表せ．さらに，v_d, v_q, ψ_mを入力とし，i_d, i_qを出力とするブロック線図を円筒形永久磁石機について描け．さらに，トルクを出力とするブロックを追加せよ．

参 考 文 献

1) J. R. Hendershot Jr. and T. J. E. Miller : Design of Brushless Permanent-magnet Motors, Oxford Science Publication, 1994

6. ベクトル制御誘導機ドライブ

本章では産業上最も応用が多い誘導機を用いたドライブについて,瞬時トルク制御を行う手法について明らかにする.

6.1 d, q 軸の電圧電流方程式

誘導機に座標変換を施し,同期機と同様に電圧,電流を直流量とすることができる.誘導機には固定子に三相巻線,回転子にはかご形巻線あるいは三相巻線が施されている.そこで,永久磁石同期機では電圧電流方程式は2行2列であったが,誘導機では4行4列になる.いま,固定子側の電圧,電流に添え字 s,回転子側の電圧,電流に添え字 r をつけ,さらに,d, q 軸を定義する.電圧電流方程式は

$$\begin{bmatrix} v_{ds} \\ v_{qs} \\ 0 \\ 0 \end{bmatrix} = \begin{bmatrix} R_s+PL_s & -\omega L_s & PM & -\omega M \\ \omega L_s & R_s+PL_s & \omega M & PM \\ PM & -(\omega-\omega_{re})M & R_r+PL_r & -(\omega-\omega_{re})L_r \\ (\omega-\omega_{re})M & PM & (\omega-\omega_{re})L_r & R_r+PL_r \end{bmatrix} \begin{bmatrix} i_{ds} \\ i_{qs} \\ i_{dr} \\ i_{qr} \end{bmatrix}$$

(6.1)

である.さて,この数式の意味するところを考えてみよう.

図6.1はこの電圧電流方程式を等価回路で描いている.まず,等価回路の d 軸の固定子側に着目しよう.v_{ds} は固定子の d 軸の電圧,i_{ds} は電流であり,定常状態では直流量である.R_s は固定子の巻線抵抗であり上式の1行目第1項の R_s である.電圧源 $\omega L_s i_{qs}+\omega M i_{qr}$ は q 軸の固定子鎖交磁束が回転角速度

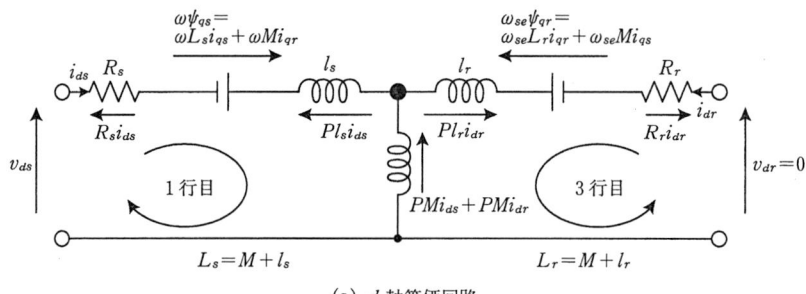

(a) d 軸等価回路

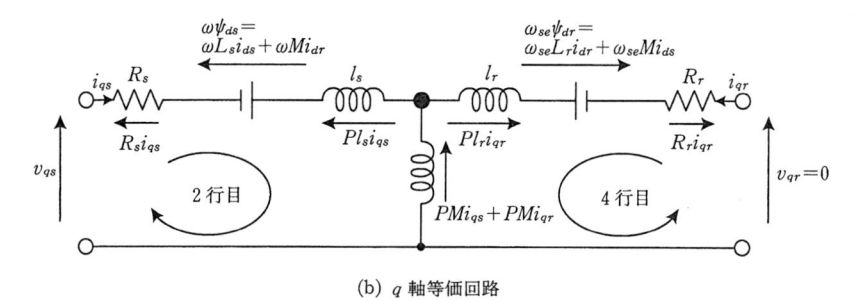

(b) q 軸等価回路

図 6.1 d, q 軸等価回路

ω で回転することにより発生する速度起電力を表しており，1 行目 2 列と 4 列の項である．l_s は固定子漏れインダクタンスであり，電流 i_{ds} の急変時に生じる逆起電力 $Pl_s i_{ds}$ が発生する．$PMi_{ds}+PMi_{dr}$ は相互インダクタンスが発生する逆起電力である．固定子自己インダクタンス L_s は相互インダクタンス M と固定子漏れインダクタンスの和であり，$L_s=M+l_s$ である．そこで，$Pl_s i_{ds}+PMi_{ds}=PL_s i_{ds}$ であり，1 行目の第 1 項の PL_s の項に対応する逆起電力である．すなわち，1 行目の電圧電流方程式は d 軸の固定子側の電圧電流の関係を表しており，d 軸等価回路の固定子側の電圧閉路方程式である．

一方，3 行目の電圧電流方程式は d 軸の回転子側の電圧閉路方程式である．v_{dr} はかご形巻線のように回転子巻線が短絡されている場合に 0 に等しい．上式ではこの電圧を 0 として左辺を 0 にしている．i_{dr} は回転子電流の d 軸成分である．R_r は回転子の抵抗であり，3 行目 3 列の R_r に対応している．座標変換前の回転子の電圧，電流はすべり角周波数 ω_{se} の交流量であり，q 軸の回転子の鎖交磁束 ψ_{qr} は $\omega_{se}\psi_{qr}=\omega_{se}L_r i_{qr}+\omega_{se}Mi_{qs}$ の速度起電力を発生する．ω_{se}

は固定子電流の角周波数 ω から回転子の電気角速度 ω_{re} を減じ，$\omega_{se}=\omega-\omega_{re}$ である．この速度起電力は3行目の2列，4列の項に対応する．ℓ_r は回転子漏れインダクタンスであり，逆起電力 $P\ell_r i_{dr}$ を発生する．固定子側と同様に，$L_r=M+\ell_r$ であるので，漏れインダクタンスと相互インダクタンスの逆起電力が3行目3列の PL_r に対応する．

2行目，4行目はそれぞれ，q 軸の固定子側，回転子側の等価回路に対応している．式 (6.1) がどのように導出されたのかについては9章に譲り，この式と等価回路から出発してトルク制御法を明らかにしよう．

6.2 インダクタンス蓄積エネルギーと出力トルク

インダクタンスの蓄積エネルギーと瞬時電力について考察しよう．図 6.2 はインダクタンス L に電流 i が流れており，蓄積エネルギー W は

$$W=\frac{1}{2}Li^2 \tag{6.2}$$

である．電流値が一定値であれば，この蓄積エネルギーは一定値であるが，電流が急変する際には蓄積エネルギーが変化する．dW/dt は i が時間関数であることに注意すると，

$$\frac{dW}{dt}=Li\frac{di}{dt}=i[L(Pi)] \tag{6.3}$$

である．$[L(Pi)]$ はインダクタンスの両端の電圧を表している．インダクタンスの電圧と電流の積，すなわち，瞬時電力は蓄積エネルギーの変化に等しい．蓄積エネルギーの変化とは，インダクタンスの電流値が i_1 から i_2 に変化することに伴い，蓄積エネルギーが $(1/2)Li_1^2$ から $(1/2)Li_2^2$ に変化する際にインダクタンスから出入りするエネルギーの変化である．したがって，トルクなどを発生しない．

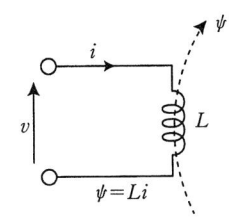

図 6.2 自己インダクタンスと蓄積エネルギー

〔例6.1〕 図6.3に示す相互結合の蓄積エネルギー W を算出せよ．さらに，蓄積エネルギーを時間微分してエネルギーの変化を求めよ．一方，瞬時電力 $v_1i_1+v_2i_2$ を算出し，dW/dt と比較せよ．

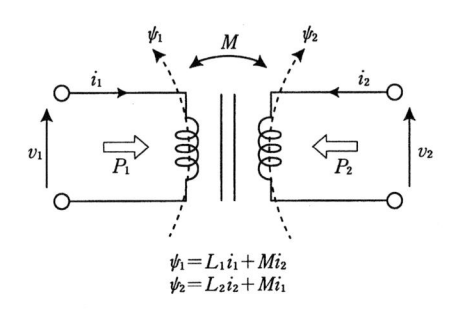

$\psi_1 = L_1i_1 + Mi_2$
$\psi_2 = L_2i_2 + Mi_1$

図6.3 相互インダクタンスと蓄積エネルギー

〔解〕 蓄積エネルギー W は，
$$W = \frac{1}{2}L_1i_1^2 + \frac{1}{2}L_2i_2^2 + Mi_1i_2$$
電流が時間関数であることに注意して微分すると，
$$\frac{dW}{dt} = L_1i_1(Pi_1) + L_2i_2(Pi_2) + M\{i_1(Pi_2) + i_2(Pi_1)\}$$
一方，電圧 v_1 は
$$v_1 = \frac{d}{dt}\psi_1 = \frac{d}{dt}(L_1i_1 + Mi_2)$$
であり，v_2 も同様にして計算する．瞬時入力電力は，
$$v_1i_1 + v_2i_2 = L_1i_1(Pi_1) + L_2i_2(Pi_2) + M\{i_1(Pi_2) + i_2(Pi_1)\}$$
になり，dW/dt に一致する．

〔例6.2〕 式(6.1)の第1,2行目から固定子に入力する瞬時パワーを算出し，銅損，インダクタンス蓄積エネルギーの変化，同期ワットに分けよ．

〔解〕 $P_s = v_{ds}i_{ds} + v_{qs}i_{qs}$ の電圧に式(6.1)の第1,2行目を代入して計算すると，
$P_s = R_s(i_{ds}^2 + i_{qs}^2)$
$\quad + L_s\{i_{ds}(Pi_{ds}) + i_{qs}(Pi_{qs})\} + M\{i_{ds}(Pi_{dr}) + i_{qs}(Pi_{qr})\}$
$\quad + \omega M(-i_{ds}i_{qr} + i_{qs}i_{dr})$

になる．第1項が銅損であり，第2,3項はインダクタンスのエネルギー変化，第4項が同期ワットである．

〔例6.3〕 回転子の端子電圧を v_{dr}, v_{qr} とすれば，回転子の入力パワーは $P_r = v_{dr}i_{dr} + v_{qr}i_{qr}$ である．$P_r + P_s$ は系全体の瞬時パワー P_i を表している．P_i を算出し

て軸出力 P_m を求め，瞬時トルク τ を示せ．

〔解〕 式 (6.1) の第 3, 4 行目がそれぞれ v_{dr}, v_{qr} であるので，
$$P_r = R_r(i_{dr}^2 + i_{qr}^2)$$
$$+ L_r\{i_{dr}(Pi_{dr}) + i_{qr}(Pi_{qr})\} + M\{i_{dr}(Pi_{ds}) + i_{qr}(Pi_{qs})\}$$
$$- (\omega - \omega_{re})M(-i_{qr}i_{ds} + i_{qs}i_{dr})$$

である．P_i は P_r と P_s を加算して，
$$P_i = R_s(i_{ds}^2 + i_{qs}^2) + R_r(i_{dr}^2 + i_{qr}^2)$$
$$+ L_s\{i_{ds}(Pi_{ds}) + i_{qs}(Pi_{qs})\} + L_r\{i_{dr}(Pi_{dr}) + i_{qr}(Pi_{qr})\}$$
$$+ M\{i_{ds}(Pi_{dr}) + i_{qs}(Pi_{qr})\} + M\{i_{dr}(Pi_{ds}) + i_{qr}(Pi_{qs})\}$$
$$+ \omega_{re}M(-i_{ds}i_{qr} + i_{qs}i_{dr})$$

である．1 行目は銅損であり，2 行目は自己インダクタンスのエネルギーの変化分，3 行目は相互インダクタンスのエネルギーの変化分，4 行目が軸出力である．軸出力を P_m とすると，
$$P_m = \omega_{re}M(-i_{ds}i_{qr} + i_{qs}i_{dr}) \tag{6.4}$$

である．さらに，極対数を p_o とすれば，主軸の回転角速度 $\omega_m = \omega_{re}/p_o$ である．そこで，瞬時トルクは軸出力を主軸の回転角速度で除して，
$$\tau = p_o M(-i_{ds}i_{qr} + i_{qs}i_{dr}) \tag{6.5}$$

である．

6.3 回転子鎖交磁束

回転子巻線鎖交磁束数 ψ_{dr}, ψ_{qr} は回転子の自己インダクタンスと固定子側との相互インダクタンスによる磁束の和であり，
$$\psi_{dr} = Mi_{ds} + L_r i_{dr} \tag{6.6}$$
$$\psi_{qr} = Mi_{qs} + L_r i_{qr} \tag{6.7}$$

である．回転子電流 i_{dr}, i_{qr} の代わりに回転子巻線鎖交磁束数を用いることにより見通しがよい関係式を得ることができる．

〔例 6.4〕 固定子電流はインバータにより直接制御することが可能である．そこで，瞬時トルクを回転子磁束と固定子電流の積和で表せ．

〔解〕 式 (6.6), (6.7) をそれぞれ i_{dr}, i_{qr} について解き，式 (6.5) に代入する．この結果，
$$\tau = \frac{p_o M}{L_r}(-\psi_{qr}i_{ds} + \psi_{dr}i_{qs}) \tag{6.8}$$

である．すなわち，トルクは回転子磁束鎖交数と固定電流の積の和で表される．

〔例 6.5〕 回転子巻線磁束鎖交数ベクトル $\boldsymbol{\psi}_r$，固定子電流ベクトル $\boldsymbol{i}_s$ を以下のよ

うに定義する．瞬時トルクを $\boldsymbol{\psi}_r$ と $\boldsymbol{i}_s$ を用いて表せ．
$$\boldsymbol{\psi}_r = \begin{bmatrix} \psi_{dr} \\ \psi_{qr} \end{bmatrix}, \quad \boldsymbol{i}_s = \begin{bmatrix} i_{ds} \\ i_{qs} \end{bmatrix}$$

〔解〕 式 (6.8) の（ ）内は $\boldsymbol{\psi}_r$ と $\boldsymbol{i}_s$ の外積に等しい．そこで，
$$\tau = \frac{p_o M}{L_r} \boldsymbol{\psi}_r \times \boldsymbol{i}_s$$

である．

〔例 6.6〕 d, q 軸上の電圧電流方程式を，固定子電流 i_{ds}, i_{qs} と回転子鎖交磁束 ψ_{dr}, ψ_{qr} を状態として，状態方程式を示せ．

〔解〕 式 (6.6), (6.7) をそれぞれ，i_{dr}, i_{qr} について解き，式 (6.1) に代入し，状態 $i_{ds}, i_{qs}, \psi_{dr}, \psi_{qr}$ の1次微分について解いてまとめると，

$$P\begin{bmatrix} i_{ds} \\ i_{qs} \\ \psi_{dr} \\ \psi_{qr} \end{bmatrix} = \begin{bmatrix} -\dfrac{R_s}{\sigma L_s} - \dfrac{R_r(1-\sigma)}{\sigma L_r} & \omega & \dfrac{MR_r}{\sigma L_s L_r^2} & \dfrac{\omega_{re} M}{\sigma L_s L_r} \\ -\omega & -\dfrac{R_s}{\sigma L_s} - \dfrac{R_r(1-\sigma)}{\sigma L_r} & -\dfrac{\omega_{re} M}{\sigma L_s L_r} & \dfrac{MR_r}{\sigma L_s L_r^2} \\ \dfrac{MR_r}{L_r} & 0 & -\dfrac{R_r}{L_r} & \omega - \omega_{re} \\ 0 & \dfrac{MR_r}{L_r} & -(\omega - \omega_{re}) & -\dfrac{R_r}{L_r} \end{bmatrix} \begin{bmatrix} i_{ds} \\ i_{qs} \\ \psi_{dr} \\ \psi_{qr} \end{bmatrix}$$

$$+ \frac{1}{\sigma L_s} \begin{bmatrix} v_{ds} \\ v_{qs} \\ 0 \\ 0 \end{bmatrix} \tag{6.9}$$

である．ただし，$\sigma = 1 - M^2 / L_s L_r$．

〔例 6.7〕 状態方程式の3, 4行目に着目し，i_{ds}, i_{qs} を入力とし，回転子鎖交磁束を出力にするブロック線図を描け．さらに，回転子鎖交磁束と固定子電流からトルクを算出するブロック線図を追加せよ．負荷トルク，主軸回転速度などの関係を追加せよ．

〔解〕 式 (6.9) の下2行を用いて，直流の電流 i_{ds}, i_{qs} を入力として，ψ_{dr}, ψ_{qr} を出力するブロック線図を作る．3行目を展開すると，微分演算子 P を s と置き換えて，
$$s\psi_{dr} = \frac{MR_r}{L_r} i_{ds} - \frac{R_r}{L_r} \psi_{dr} + (\omega - \omega_{re}) \psi_{qr}$$

ψ_{dr} について解くと，
$$\psi_{dr} = \frac{1}{s + \dfrac{R_r}{L_r}} \left(\frac{MR_r}{L_r} i_{ds} + (\omega - \omega_{re}) \psi_{qr} \right)$$

これをブロックにすると，図 6.4 に示すブロック線図になる．

4行目についても同様にブロックを描くと図 6.5 の点線から左側のブロック線図に

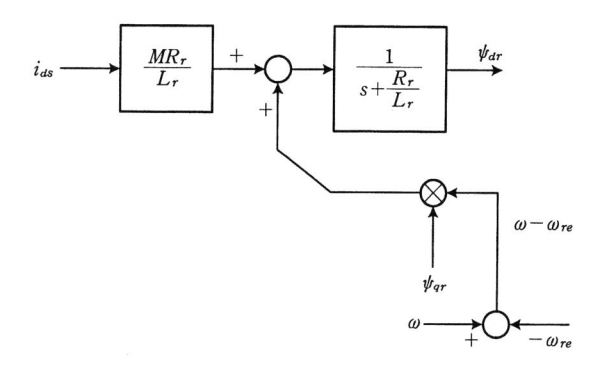

6.4 ベクトル制御システムの構成

図 6.4 ψ_{dr} 算出

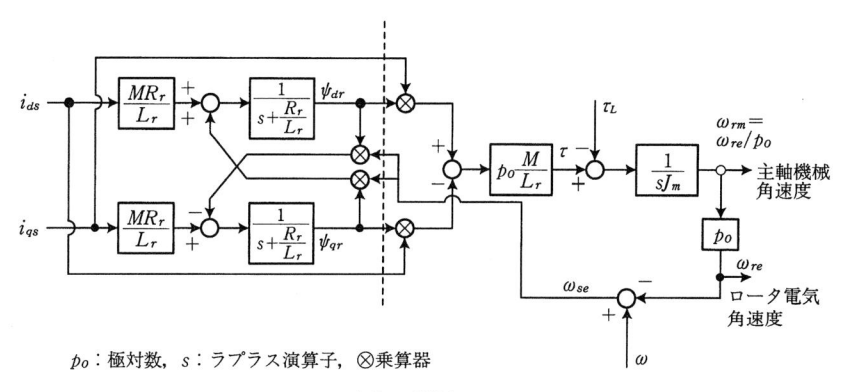

p_o：極対数，s：ラプラス演算子，⊗乗算器

図 6.5 誘導機モデル

なる．さらに，式 (6.8) の関係式から τ までのブロックを描く．図 6.5 では，さらに，トルク τ に負荷トルク τ_L が減算され，主軸の回転方向の慣性モーメント J_m で除し，積分すると主軸の機械角速度 ω_{rm} が得られる．この機械角速度に極対数 p_o を乗じると回転子の電気角速度 ω_{re} になる．電気角速度を固定子の励磁周波数 ω から減じるとすべり角周波数 ω_{se} になる．

6.4 ベクトル制御システムの構成

既に導出した式 (6.8) で $\psi_{qr}=0$ になるように制御するとしよう．すると，トルクは

$$\tau = \frac{p_o M}{L_r}\psi_{dr}i_{qs} \tag{6.10}$$

である.一般に M, L_r, p_o などは一定値であるから ψ_{dr} を一定値に制御すればトルクは i_{qs} に比例する.そこで,i_{qs} をトルク電流と呼ぶことにする.

さて,どのように制御すれば $\psi_{qr}=0$ とすることができるだろうか.また,いかにすれば,ψ_{dr} を一定値にすることができるのだろうか.まず,式(6.9)の4行目に $\psi_{qr}=0$,$P\psi_{qr}=0$ を代入し,$\omega_{se}(=\omega-\omega_{re})$ について解く.すると,

$$\omega_{se} = \frac{R_r}{L_r} \frac{M}{\psi_{dr}} i_{qs} \tag{6.11}$$

である.すなわち,すべり角周波数をこの式に基づいて決定すれば ψ_{qr} を常に0にすることができる.

一方,式(6.9)の3行目に $\psi_{qr}=0$ を代入し,さらに,i_{ds} について解くと

$$i_{ds} = \left(1 + P\frac{L_r}{R_r}\right)\frac{\psi_{dr}}{M} \tag{6.12}$$

になる.この式は ψ_{dr} と i_{ds} の関係を表している.ψ_{dr} を一定値にするためには i_{ds} をこの式に基づいて制御すればよい.ψ_{dr} の指令値を ψ_{dr}^* とし,常に一定値であると仮定すれば,微分の項を0として i_{ds} の指令値 i_{ds}^* を,

$$i_{ds}^* = \frac{\psi_{dr}^*}{M^*} \tag{6.13}$$

とすればよい.

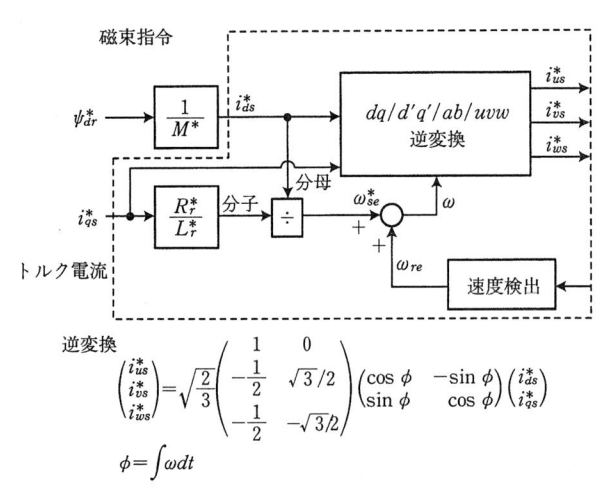

図6.6 電流指令値発生方法

6.4 ベクトル制御システムの構成

図 6.6 は式 (6.11), (6.13) に基づく制御則をブロック線図で示している．回転子鎖交磁束指令値 ψ_{dr}^* から i_{ds}^* を得る．さらに，トルク電流指令値 i_{qs}^* を (R_r^*/L_r^*) 倍する．L_r/R_r を 2 次時定数 (rotor time constant) という．さらに，式 (6.11) の M/ψ_{dr} が $1/i_{ds}^*$ に等しいことが式 (6.13) より明らかであるので，除算を行いすべり角周波数 ω_{se}^* を発生する．検出した回転角速度 ω_{re} と加算して 1 次角周波数 ω を得る．i_{ds}^*, i_{qs}^* と 1 次周波数から逆座標変換を行い，u, v, w 座標系の電流指令値 i_u^*, i_v^*, i_w^* を発生して電流制御を行う．実際の電流が指令値に追従し，さらに，制御ブロックで用いる R_r^*, L_r^*, M^* などの電動機定数が正しい値であればトルク指令値に等しいトルクが発生し，また，$\psi_{qr}=0$ になり，さらに，回転子巻線磁束鎖交数は一定振幅になる．

なお，電流制御を後の 7.3 節で述べる d, q 軸上で行う場合は逆変換は不要であり，電流指令値 i_{ds}^*, i_{qs}^* に対して電流制御系が構成される．

この制御手法は実際に磁束を検出する必要がなく，回転子鎖交磁束が磁束指令値に一致することを前提としているため，間接形ベクトル制御 (indirect vector control) という．あるいは，すべり周波数を制御するため，すべり周波数制御形ベクトル制御という．これに対して電動機の磁束を検出してベクトル制御系を構成する手法を直接形ベクトル制御 (direct vector control)，あるいは，磁束検出形ベクトル制御という．

図 6.7 は図 6.6 の逆変換の部分をあらかじめ簡単化し，さらに，4 極電動機について，間接形ベクトル制御を用いた速度制御システムの構成を示している．回転軸に接続されたロータリーエンコーダから回転速度に比例した周波数

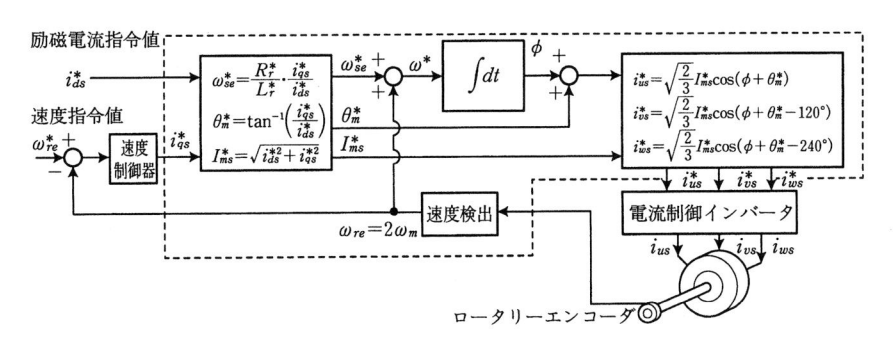

図 6.7 すべり周波数形ベクトル制御系

のパルス列を検出し，速度検出器により主軸の機械回転角速度の 2 倍の電気角速度 $\omega_{re}=2\omega_m$ を算出する．ここで，2 倍とするのは，4 極電動機では極対数が 2 であり，電気角速度は機械角速度の 2 倍であるからである．電気角速度指令値 ω_{re}^* と比較し，速度誤差を速度制御器で増幅し，トルク電流指令値 i_{qs}^* を発生する．一方，励磁電流の指令値 i_{ds}^* を与え，すべり角周波数 ω_{se}^*，位相進み角 θ_m^*，電流振幅 I_{ms}^* を算出する．すべり角周波数と電気角周波数を加算し ω^* を得る．ここまでは定常状態で直流量である．さらに，ω^* を積分して回転子鎖交磁束の回転角度位置 ϕ を得る．さらに，u, v, w 軸の三相電流指令値 $i_{us}^*, i_{vs}^*, i_{ws}^*$ を発生し，電流制御インバータに与え，巻線電流を制御する．定常状態では，ϕ はノコギリ波，$i_{us}^*, i_{vs}^*, i_{ws}^*$ は三相対称正弦波である．

なお，図 6.7 の点線部は図 6.6 の点線部の数式表現を変形したものであり，同一機能を果たす．

6.5　V/f 一定制御

図 6.7 のベクトル制御系では回転速度を検出する必要がある．速度検出器を省略し，より簡単に誘導機を駆動する手法として V/f 一定制御がある．すなわち，印加電圧の基本波と 1 次周波数を比例して制御することにより，磁束をほぼ一定値に保つ．すると，トルク負荷が増加しても自動的に電流が増加し，ほぼ同期速度に近い速度で運転することができる．

〔例 6.8〕 R_s, ι_s, ι_r での電圧降下が十分小さいと仮定して定常状態での d, q 軸等価回路を描け．さらに，磁束を一定値に保つためには固定子の印加電圧と周波数をいかに制御すべきかを明らかにせよ．

〔解〕 図 6.1 にて R_s, ι_s, ι_r を 0 とし，さらに，定常状態であるので P の作用する項はすべて 0 にする．すると図 6.8 の等価回路を得ることができる．ここで，漏れインダクタンスが無視できるので $\psi_d=\psi_{ds}=\psi_{dr}$ である．

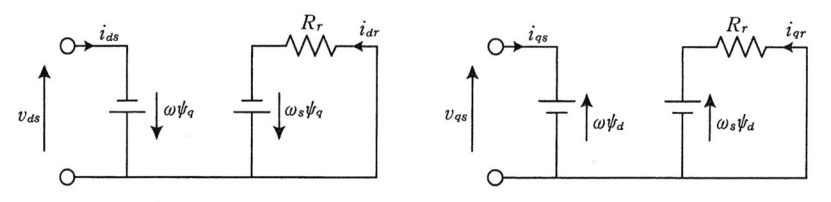

図 6.8　簡略化した等価回路

6.5 V/f 一定制御

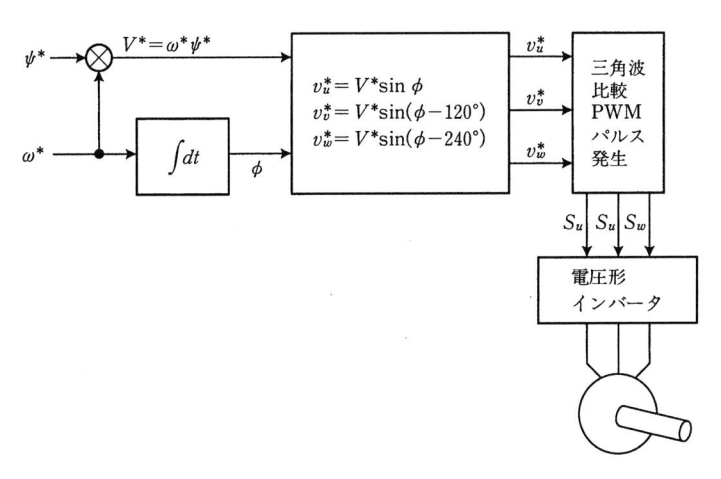

図 6.9 V/f 一定制御

さらに，固定子線間電圧 V は $V=\sqrt{v_{ds}^2+v_{qs}^2}$ である．等価回路より $v_{ds}=-\omega\psi_q$, $v_{qs}=\omega\psi_d$ を代入すると，$V/\omega=\sqrt{\psi_d^2+\psi_q^2}$ であり，磁束鎖交数に等しい．磁束鎖交数が一定値であれば，磁束は一定値になる．そこで，V/ω を一定値にすれば，磁束を一定にできる．ω と駆動周波数 f は比例するので，V/f を一定値にすればよいことがわかる．

〔**例 6.9**〕 V/f 一定制御を行うための制御ブロック図を示せ．さらに，すべり周波数形ベクトル制御と比較して特徴をあげよ．

〔**解**〕 図 6.9 は V/f 一定制御のブロック図を示している．磁束鎖交数の指令値 ψ^* と 1 次角周波数指令値 ω^* が与えられ，$V^*=\omega^*\psi^*$ を演算する．さらに，ω^* を積分して回転角度 ϕ を得る．u, v, w 軸上の電圧指令値 v_u^*, v_v^*, v_w^* を発生し，三角波比較 PWM パルス発生ブロックに入力する．この電圧指令値に基づき三相電圧形インバータのオンオフ指令値 S_u, S_v, S_w を決定し，インバータに電圧を印加する．

ベクトル制御に比較すると以下の点が優れている．(1) 主軸の回転速度を検出する必要がない．(2) 正確な電動機定数を知る必要がない．一方，以下のような欠点が生じる．(1) 磁束は指令値に対して定常状態ではおよそ一致するが，常に負荷変動するような場合はずれが生じ，特定回転速度範囲で常に回転速度が変動する不安定現象が生じる可能性がある．(2) 低速時には R_s の電圧降下が無視できなくなり，トルクの不足や速度変動が大きく生じやすい．(3) 急速な加減速を行うことが難しい．このような欠点はあるものの，低価格で小型の汎用インバータとして製作され，ベクトル制御インバータより早い時期に実用化され，広く普及している．なお，ベクトル制御インバータは電圧，電流などから速度を推定する機能を備え，あるいは，速度

検出器用インターフェースを備えるなどして高級なインバータとして製作されている.

Tea Time

誘導機のインバータ制御は当初は V/f 一定制御が用いられていた.その後,ベクトル制御理論の普及により高性能なトルク特性が必要になる用途にベクトル制御器を搭載したインバータが用いられるようになった.さらに,回転速度を推定する機能,電動機定数を推定する機能をもち,速度検出器なしでベクトル制御を行う方法が提案されている.

本書では磁束とトルクを制御するために電流の振幅と周波数,位相を制御する間接形ベクトル制御について解説した.一方,サーチコイルや端子電圧電流から磁束位置を推定する直接形ベクトル制御も重要である.諸君の自学自習に期待する.

磁束,トルクが自由に制御できるようになった現在,ドライブの研究は新しい展開が見えてきている.磁気力で回転子を支持して非接触で回転するベアリングレスドライブは回転磁界を確実に制御し,半径方向力とトルクを瞬時値で制御するドライブである.

演 習 問 題

6.1 誘導機のギャップ磁束の d, q 軸成分はそれぞれ $\psi_{dg} = Mi_{ds} + Mi_{dr}$, $\psi_{qg} = Mi_{qs} + Mi_{qr}$ で与えられる.ギャップ磁束 $\psi_{qg} = 0$ にし,ψ_{dg} を一定振幅に保つギャップ磁束に着目したベクトル制御を行う.ω_{se}, i_{ds} の決定方法を示せ.

6.2 前問で得られた制御則より ψ_{dg}, i_{qs} を入力とし,$i_{ds}, i_{qs}, \omega_{se}$ を出力とするギャップ磁束一定ベクトル制御コントローラのブロック線図を描け.

6.3 式 (6.9) を導出せよ.

6.4 図6.6のコントローラと図6.7のコントローラが等価であることを示せ.

7. 交流電流フィードバック制御法とセンサ

本章では，交流電流をフィードバック制御する制御システムの原理，構成を述べる．次に回転角度位置センサ，電流センサなどの原理構成を明らかにする．

7.1 交流電流フィードバック制御法

高性能な電動機のトルク制御には交流電流の精密な電流制御が必要になる．電流指令値は交流電流であるため定常偏差が生じやすい．図7.1は簡単な電流制御の構成を示している．線電流 i を検出し，電流指令値 i^* と比較する．電流偏差 $i_e = i^* - i$ を制御器で増幅し，電圧指令値 v^* を発生する．他の2相についても同様に構成し，三相インバータに入力する．もし，電流指令値が直流電流であれば，制御器に積分制御を比例制御と併用することにより $i_e = 0$ とすることができ，電流指令値に電流が追従する．積分制御のゲインは $\omega \to 0$ できわめて高くなるからである．一方，電流指令値が角周波数 ω の交流であると，角周波数 ω の定常偏差が生じてしまう．

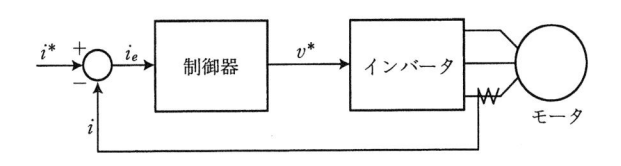

図7.1 定常偏差 i_e (一相分)

実際に制御器のゲインを増加して定常偏差を減少しようとすると以下のような問題が生じる．(ⅰ)検出した電流にはインバータのスイッチングに起因する電流リプルが含まれ，リプルが増幅されて不安定になる．(ⅱ)電流検出遅れ，インバータの制御遅れなどに起因して，フィードバック系が不安定になる．このような問題が生じない範囲で制御器ゲインを決定しても，角周波数 ω の定常偏差が生じてしまう．この結果，電流指令値に対して電流の振幅が小さく，位相が遅れてしまうことが多い．

このようなインバータによる電流制御の問題点を解決する基本的な方法として，以下の方法がある．(ⅰ)ヒステリシスコンパレータ方式PWM制御，(ⅱ)d, q 軸上での電流制御．(ⅰ)は非線形な制御則の適用手法であり，電流偏差が常にある一定値に収まるようにインバータのスイッチング則(switching pattern)を決定する．(ⅱ)は検出した電流に座標変換を行い，直流分に変換して積分制御を行う．以下，本章ではこの2つ方法を述べる．

7.2　ヒステリシスコンパレータ方式 PWM 制御

図 7.2 はヒステリシスコンパレータ方式の電流制御インバータの構成を示している．電流指令値 i_u^* を電流検出値 i_u と比較し，偏差 i_e を得る．この偏差に基づいてスイッチング関数 S_u を決定する．S_u は 1 あるいは 0 の値であり，$S_u=1$ であればインバータの直流電源の正端子側に接続されたバルブデバイス

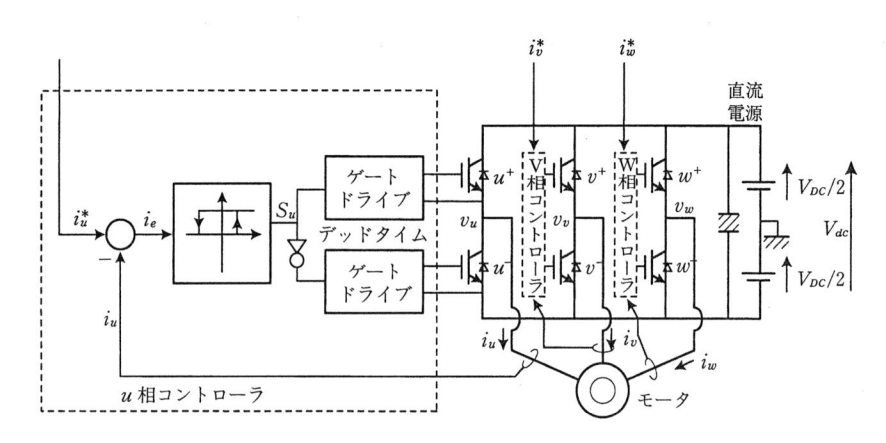

図7.2　ヒステリシス電流制御インバータ

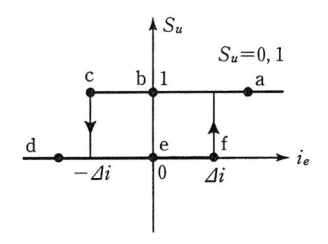

図 7.3 ヒステリシス関数

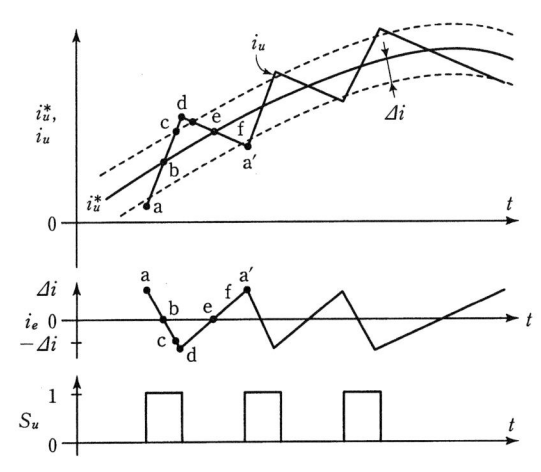

図 7.4 電流指令値 i_u^*, 電流 i_u, 電流ヒステリシス幅 Δi, 電流誤差 i_e, スイッチング関数 S_u

u^+ をオンする.一方,$S_u=0$ であれば負端子側に接続されたバルブデバイス u^- をオンする.直流電源 V_{DC} を 2 分割し,中点を 0 電位とする.v_u は u 相の電位であり,$\pm V_{DC}/2$ のいずれかの値をとる.

図 7.3 は横軸に電流偏差 i_e をとり,縦軸に S_u をとりヒステリシス関数を示している.いま,i_e が Δi より大きければ動作点は a であり,$S_u=1$ である.i_e が減少し $i_e=-\Delta i$ になる c 点を越えると $S_u=0$ になる.さらに i_e が減少すると d 点に移動する.一方,d 点から i_e が増加すると $i_e=\Delta i$ になる f 点まで $S_u=0$ であり,f 点を越えると $S_u=1$ になる.この Δi を電流ヒステリシス幅という.

図 7.4 は電流指令値 i_u^* と実際の電流 i_u,電流ヒステリシス幅 Δi を描いている.いま,動作点が a 点にあったとすると i_e は Δi よりやや大きく,$S_u=1$

になる.この結果,$v_u = V_{DC}/2$ になり,電流は増加し始める.電流は b 点で電流指令値と一致する.さらに電流は増加を続け,動作点は c 点に至る.c 点を過ぎると i_u のほうが i_u^* よりやや大きく,i_e は $-\Delta i$ よりやや小さくなる.この結果 $S_u=0$ になる.すると,制御回路やパワーデバイスの遅れがあるので,d 点で u^+ がオフして u^- がオンする.$v_u = -V_{DC}/2$ になり,電流は減少し始める.電流が減少を続け e, f 点を通り,ついには動作点 a′ に至る.以上の繰返しにより電流は電流指令値のヒステリシス幅ほどの誤差範囲で一致する.

したがって,ヒステリシス幅を小さく設定すれば電流指令値と電流の誤差は常に小さくすることが可能である.しかし,このようにするとインバータのスイッチング周波数が増加する.そこで,必要な電流偏差とインバータのスイッチング周波数のトレードオフでヒステリシス幅を決定する必要がある.

〔例 7.1〕 図 7.5 に示す回路は負荷をインダクタンスとし,一端が接地されている.接地点からみて u^+ のデバイスは $+100\,\mathrm{V}$ に,u^- のデバイスは $-100\,\mathrm{V}$ の直流電圧に接続されている.いま,振幅 10 A で周波数 50 Hz の正弦波の電流指令値が与えられ,ヒステリシス幅が 2 A である.電流指令値,電流波形を描け.ただし,ヒステリシス関数,デバイスなどの遅延は 0 としてよい.

〔解〕 負荷端の電圧 v_u は $\pm 100\,\mathrm{V}$ のいずれかである.いま,$V=100\,\mathrm{V}$ であれば,20 mH のインダクタンス L にステップ状に電圧が印加したときの電流を算出すればよい.電流 i は直線的に増加し,

$$i = \frac{V}{L}t$$

で与えられる.値を代入すると 1 ms に 5 A の傾きで電流が増加する.図 7.6 の直線

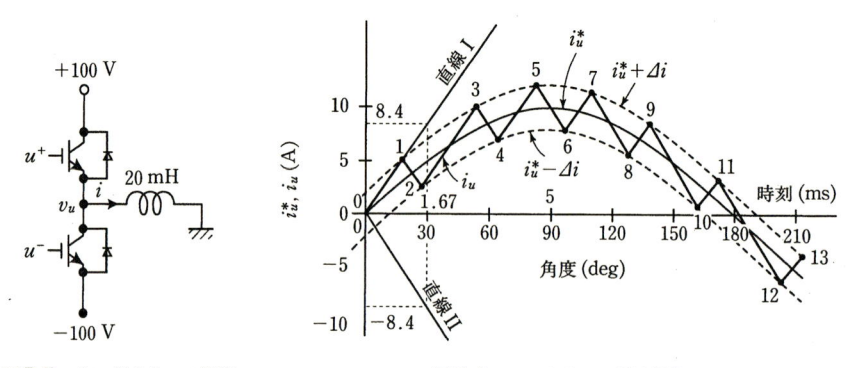

図 7.5 インダクタンス負荷

図 7.6 ヒステリシス電流制御

Ⅰはこの傾きを原点から描いたものである．また，直線Ⅱは負の電圧が印加した際の電流の傾きである．これらの傾きを用いて以下のように電流波形を描くことができる．

(ⅰ) 原点から直線Ⅰにそって電流が増加し，$i_u^* + \Delta i$ との交点を点1とする．
(ⅱ) 点1ではデバイスのオンオフが切り替わるため，傾きが負の直線Ⅱに平行な直線1-2を描く．この直線と $i_u^* - \Delta i$ の交点が点2である．
(ⅲ) 点2では u^+ がオンするので直線Ⅰと等しい傾きの直線2-3を描く．点3は $i_u^* + \Delta i$ との交点である．
(ⅳ) 以下同様にして直線Ⅰ，Ⅱと平行な直線を $i_u^* + \Delta i$，$i_u^* - \Delta i$ の交点ごとに描けばよい．

7.3 d, q 軸電流制御

角周波数 ω の交流電流の指令値が与えられたとき，線形フィードバック制御では角周波数 ω の定常偏差が生じてしまう．しかし，交流電流を座標変換することにより直流量に変換すれば定常偏差を容易に0にできる．

図7.7は d, q 軸上での電流制御系の構成を示している．定常状態では，d, q 軸上では電流指令値 i_d^*, i_q^* は直流量である．一方，電流は，三相交流電流 i_u, i_v, i_w が検出され，三相軸から二相軸に変換され，さらに，電流の周波数に同期して d, q 回転座標変換される．この結果，電流検出値 i_d, i_q は定常状態では直流量になる．電流検出値と電流指令値を比較し，その誤差を e_d, e_q とする．定常偏差があれば，e_d, e_q は直流量の偏差が発生する．この偏差を比例積分制御(PI制御)器により増幅し電圧指令値 v_d^*, v_q^* を発生する．この d, q 軸上の電圧指令値は d, q 逆変換され，v_a^*, v_b^* が算出される．この v_a^*, v_b^* に基づいて二相三相変換を行い三相軸上の電圧指令値 v_u^*, v_v^*, v_w^* を発生する．すなわち，式 (5.2)，(5.3) より，

$$\begin{bmatrix} v_u^* \\ v_v^* \\ v_w^* \end{bmatrix} = \sqrt{\frac{2}{3}} \begin{bmatrix} 1 & 0 \\ -1/2 & \sqrt{3}/2 \\ -1/2 & -\sqrt{3}/2 \end{bmatrix} \begin{bmatrix} \cos\phi & -\sin\phi \\ \sin\phi & \cos\phi \end{bmatrix} \begin{bmatrix} v_d^* \\ v_q^* \end{bmatrix}$$

である．この電圧指令値に基づいて三角波キャリア比較方式などでPWMパルスを発生し，インバータを運転する．

図7.8は比例積分制御器の構成を d 軸について示している．比例制御器は

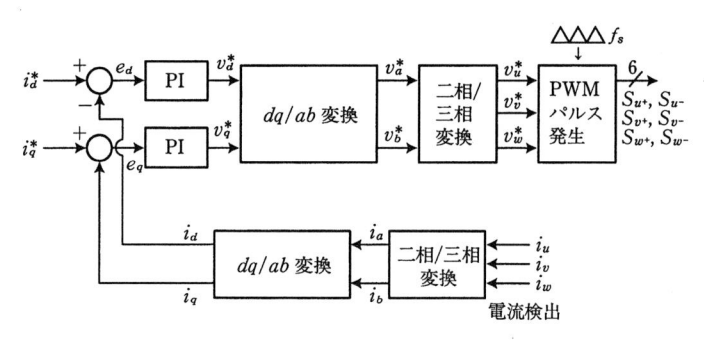

図7.7 d, q 軸上での電流制御

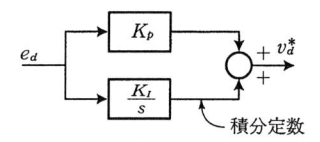

図7.8 比例積分制御

e_d を K_p 倍に増幅し，積分制御器は e_d を積分ゲイン K_I 倍して積分する．これらの出力を加算したものが v_d^* である．

たとえば，i_d^* に比較して i_d が小さい場合，正の直流量の定常偏差 e_d が生じる．そこで，積分器の出力は時間とともに徐々に増加する．この積分器の出力の増加に伴い v_d^* が徐々に増加する．すると，v_d が増加して i_d が増加する．このフィードバックの効果により，e_d が減少し，ついには 0 になる．このときの積分器の出力を v_{d0} とする．e_d が 0 になると積分器の出力は増加しなくなり，積分定数 v_{d0} 一定値になる．このようにして積分制御の効果により定常偏差 e_d を 0 にすることができる．なお，q 軸についても同様なメカニズムで定常偏差を 0 にすることができる．

7.4 回転角度位置センサ

同期機の制御では回転子の回転角度位置を検出する必要がある．一方，誘導機の速度制御では回転速度を検出することがある．本節では，主軸にセンサを取り付けて検出する光学式のロータリーエンコーダと磁気式のレゾルバを用いた回転角度位置検出について述べる．

7.4 回転角度位置センサ

図 7.9 ロータリーエンコーダ

図 7.10 ロータリーエンコーダの信号処理

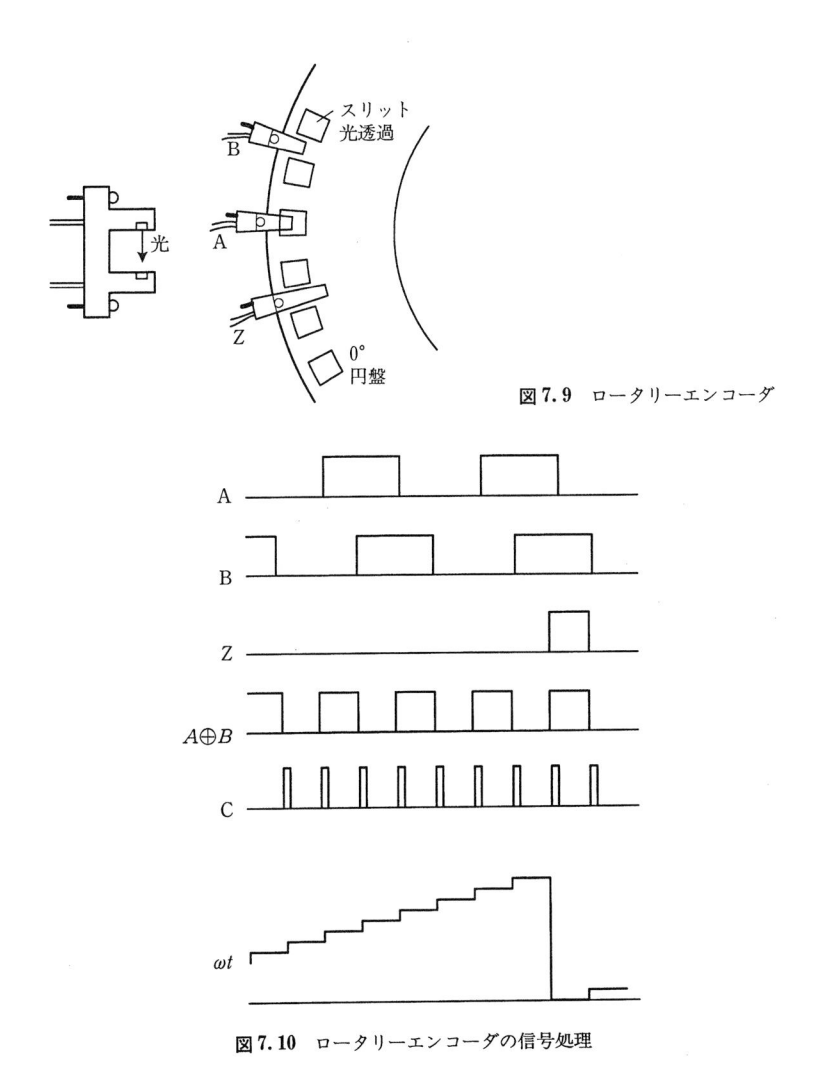

7.4.1 ロータリーエンコーダ

図 7.9 はロータリーエンコーダの構成を示している．主軸とともに回転する円盤の外周には小さいスリットが多数ある．この円盤の外周には光を発する半導体素子と受光素子が取り付けられている．円盤のスリットは光が透過し，スリット以外では光は遮断される．この結果，受光素子の出力電圧はパルス波形

になる．スリットの数が360ある場合，1回転で360パルス発生するので360 p/r という．

図7.10は出力パルス列を示している．光素子はA, B, Zの3つあり，AとBは90度位相がずれたパルスが発生するように配置される．そこで，パルスの位相に基づいて回転方向を検出することができる．さらに，円盤の1つのスリットはやや大きな窓が開いており，Zの受光素子の出力は1回転で1パルスを発生する．このパルスが発生する位置を0度とする．A相が1パルス入力されるたびにデジタルカウンタを増加し，Z相パルスが入力されるたびにカウンタをリセットして1周ごとに回転角度を得ることができる．なお，AとBのパルスから $A \oplus B$ を得て，そのパルスの立上り，立下りで短いパルスCを発生する．CはAの4倍の周波数であり，Cのパルス列をカウントすれば，4倍の精度で回転角度位置を得ることができる．

7.4.2 レゾルバ

図7.11はレゾルバの断面を示している．レゾルバの回転子には巻線があり，数kHz以上の高周波で励磁される．固定子には x, y 巻線があり，回転子と相互結合があり誘起電圧が発生する．いま，回転子巻線の励磁電圧を $v_1 = V \sin \omega_h t$，自己インダクタンスを L とすると，電流 i_1 は

$$i_1 = \frac{1}{L}\int v_1 dt = \frac{-V}{\omega_h L}\cos \omega_h t \tag{7.1}$$

である．回転子の回転角速度を一定値 ω_m とすれば，x, y 巻線と回転子巻線の相互インダクタンスはそれぞれ，$M\cos \omega_m t, M\sin \omega_m t$ である．そこで，各巻線の磁束鎖交数 ψ_x, ψ_y は，

$$\psi_x = Mi_1 \cos \omega_m t, \quad \psi_y = Mi_1 \sin \omega_m t \tag{7.2}$$

である．いま，x, y 巻線の誘起電圧は式(7.2)の時間微分として得られる．式(7.1)を代入して微分を実行し，$\omega_h \gg \omega_m$ と近似すると，

$$v_x = \frac{MV}{L}\sin \omega_h t \cos \omega_m t, \quad v_y = \frac{MV}{L}\sin \omega_h t \sin \omega_m t$$

である．図7.12はレゾルバの信号波形を示している．このレゾルバの出力電圧信号は ω_m の角周波数の正弦波，余弦波を $\sin \omega_h t$ で変調した電圧である．

$v_1 = V\sin\omega_h t$

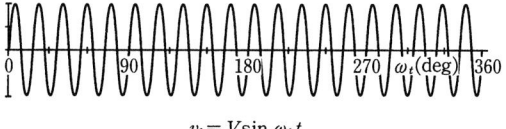

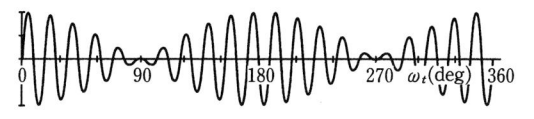

$v_x = \sin\omega_h t \times \cos\omega_m t$

$v_x \times v_1$

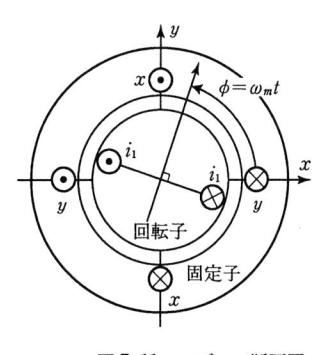

$\cos\omega_m t$

図 7.11 レゾルバ断面図   図 7.12 レゾルバの信号

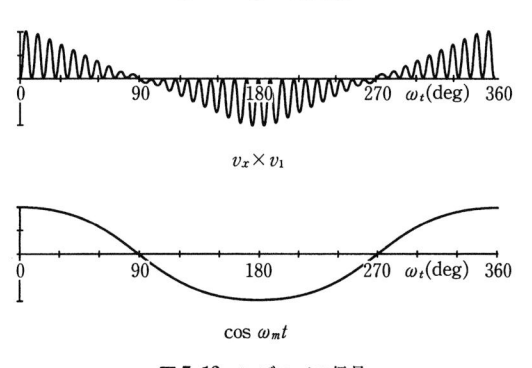

そこで，v_x に v_1 を乗じて高周波を除去する広域カットフィルタを通すことにより $\cos\omega_m t$ を得ることができる．同様にして v_y から $\sin\omega_m t$ の信号を得ることができる．

7.5 電流センサ

電動機の線電流を検出する方法としては，直流量から 100 kHz 程度の高周波まで検出が可能なホール素子を用いた電流検出器が用いられることが多い．図 7.13 は電流検出器の構成を示している．検出の対象である電流 i が C 形磁性コアの内部を流れ，コアに磁束密度 B_1 の磁束を発生している．磁気回路にはギャップがあり，ホール素子で磁束密度を検出する．この磁束密度の検出信号は原理的に i に比例する．しかし，この検出信号にはドリフトや残留磁化が存在するため問題が多い．

そこで，このホール素子の検出磁束が常に 0 になるようなフィードバック

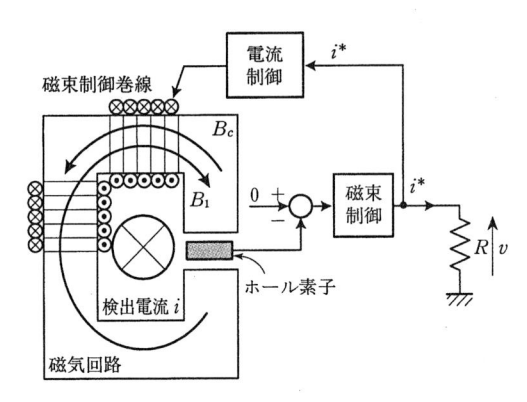

図 7.13 電流検出器

ループを形成する．すなわち，検出した磁束密度を指令値 0 と比較し，磁束制御器で増幅し，磁束制御巻線の電流を電流制御する．この結果，B_c が発生し，B_1 を打ち消して磁束密度が 0 になる．磁束密度が 0 であれば，電流指令値 i^* は i に比例する．そこで，i^* が検出電流信号である．

〔例 7.2〕 図 7.13 にて $R=200\,\Omega$，1 次側 5 ターン，2 次側 2000 ターンであるとする．i^*, v を i で表せ．また，$i=2\,\mathrm{A}$ のときの i^*, v を求めよ．

〔解〕 $N_1 i = N_2 i^*$ より $i^*=(N_1/N_2)i_1=i/400$．また，$v=Ri^*=i/2$ である．$i=2\,\mathrm{A}$ のとき，$i^*=5\,\mathrm{mA}$，$v=1\,\mathrm{V}$ である．

演 習 問 題

7.1 三相電圧形インバータのスイッチング関数を u, v, w 相それぞれ S_u, S_v, S_w とする．空間電圧ベクトル v は $v=(S_u, S_v, S_w)$ で定義される．
(1) v はスイッチング関数により決まる 8 つの状態がある．8 つの電圧ベクトルを u, v, w 軸を描いて図示せよ．

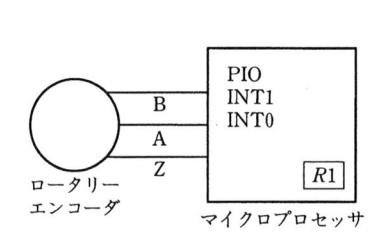

図 7.14 ロータリーエンコーダとマイクロプロセッサ

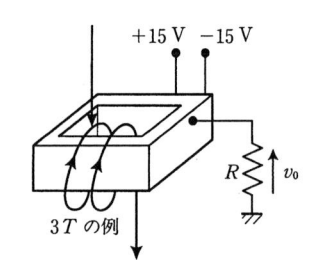

図 7.15 電流検出器

(2) 各ベクトルが選択された際に負荷に流入する電流の増減について考察せよ.
(3) 各相独立にヒステリシス電流制御を行った際に問題になるベクトルはどれか. 有効な利用方法を述べよ.

7.2 ロータリーエンコーダのABZパルスがマイクロプロセッサに入力されている. 図7.14のように結線され, 立上りトリガの割込み0(INT 0)にZ相パルス, 立上りトリガの割込み1(INT 1)にA相パルス, デジタル入力(PIO)にB相が入力されている. 1回転で60パルスがA, B相から発生するとき, マイクロプロセッサのレジスタ$R1$が正転時に0から59, 逆転時に-59から0になるようにしたい. 割込み0, 1のフローチャートを描け.

7.3 図7.15に示すように定格電流実効値50Aの電流検出器があり, 出力電流比が2000:1である. 検出器の電源は±15Vであり, 線形領域は±10Vであるという. 定格出力電流実効値10Aのインバータの正弦波出力電流を検出したい.
(1) 1次側は何ターンにすればよいか.
(2) 10Vが何アンペアに対応するようにすればよいか.
(3) 何Ωの抵抗を出力端に接続すればよいか.

8. モーションコントロール

 既に三相電圧形インバータに代表される駆動電源,また,各種電動機の高度なトルク制御手法について学習した.図8.1はドライブ装置の基本構成を描いている.トルク指令値がデジタルシグナルプロセッサ(digital signal processor)あるいはマイクロプロセッサ(microprocessor)などで構成される制御系に与えられる.必要に応じて,インバータからは電動機の電流 i,電圧 v などが制御系にフィードバックされる.また,電動機の主軸に直結した回転角度検出器などの検出器出力が制御系にフィードバックされる.制御系はフィードバック量や指令値に基づいてインバータに与えるオンオフ指令値を発生する.

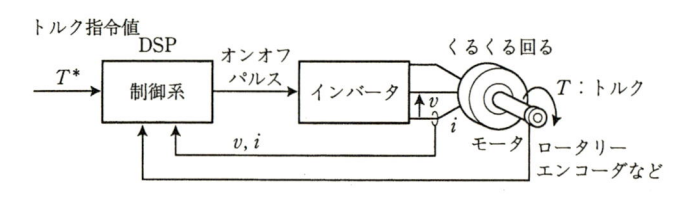

図8.1 トルク制御システム

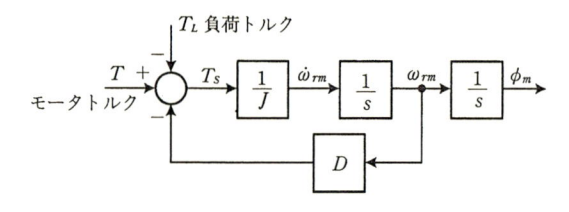

図8.2 回転機械システム

インバータは電動機に電圧，電流を供給し，電動機の主軸にはトルク T が発生する．ドライブの制御が正しく機能していれば，トルク T はトルク指令値 T^* に一致する．この結果，T^* から T の伝達関数は 1 であると考えることができる．

図 8.2 は基本的な回転機械システムのブロック線図を示している．電動機が発生するトルク T に負荷トルク T_L が加えられ，また，粘性係数 D に比例する摩擦トルクが減じられる．このトルクの減算結果 T_s を回転機械系の回転モーメント J で除した値が回転角速度の微分値 $\dot{\omega}_{rm}$，すなわち，回転角加速度である．回転角加速度を積分すると回転角速度 ω_{rm} であり，回転速度を積分した値が回転角度位置 ϕ_m である．

モーションコントロールはコントロールする目的によりほぼ3つに分けることができる．すなわち，トルクコントロール(torque control)，速度コントロール(speed control)，位置コントロール(position control)である．

〔例 8.1〕 図 8.3 は回転角度位置制御システムを描いている．負荷トルク，粘性係数は 0 であり，トルク指令値にトルクは追従している．回転角度位置コントローラは比例微分制御器であり，ラプラス演算子 s を用いて $K_p + sK_d$ の伝達関数をもつ．このシステムの安定性を判別せよ．また，$K_d = 0$ の場合の応答を論ぜよ．

〔解〕 図 8.3 に示すようにブロック線図をまとめ，変形することにより ϕ_m/ϕ_m^* を算出することができる．分母多項式は $s^2J + sK_d + K_p$ である．分母多項式を 0 とおき，s について解くと $s = (-K_d \pm \sqrt{K_d^2 - 4JK_p})/2J$ である．したがって，$K_d > 0$ であれば極は左半平面に存在するため安定である．K_d が大きい値であるほど応答の収束は早い．$K_d = 0$ では虚軸上に極が存在するため応答は持続的な振動を続ける．この

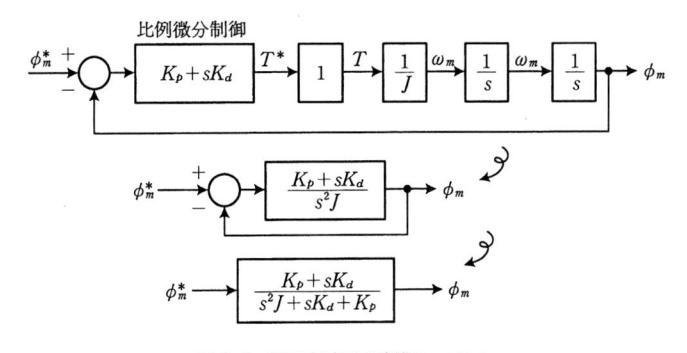

図 8.3　回転角度位置制御システム

ため，ϕ_m は ϕ_m^* に追従しない．

8.1 トルクコントロール

トルクコントロールは電動機のトルクを直接制御するものである．たとえば，ロボットの先端の手に相当する部分の力制御，電気自動車の制御などに応用される．以下ではトルクコントロールの例を紹介する．

図8.4は電気自動車ドライブの構成を示している．半径 R のタイヤが電動機に駆動され，速度 v で移動しており，移動距離を x とする．ドライバーがアクセルを踏み込みトルク指令値を発生する．このトルク指令値に基づいて既に示した図8.1の構成で電動機はトルクを発生する．この発生トルクが図8.2のような回転機械システムに入力される．回転角度位置に R を乗じると移動距離，回転角速度に R を乗じると移動速度 v が得られる．

電気自動車のドライブの構成としてはアクセル踏込み量に応じたトルクを発生することが主目的であるので，トルクコントロールと考えることができる．さらに，ドライバーが速度 v を観察し，アクセル踏込み量を微妙に調整する．このフィードバックまで考えると速度制御であるということもできる．

図8.5はロボットのアームの先端に用いられるハンド部分を描いている．人間にやさしいロボットが必要とされている．たとえば，人間と握手をする，柔らかいボールをつかむなどの応用ではハンドの先端の力をコントロールする．このため，状況に応じてハンドを駆動する電動機のトルク指令値を調整する．

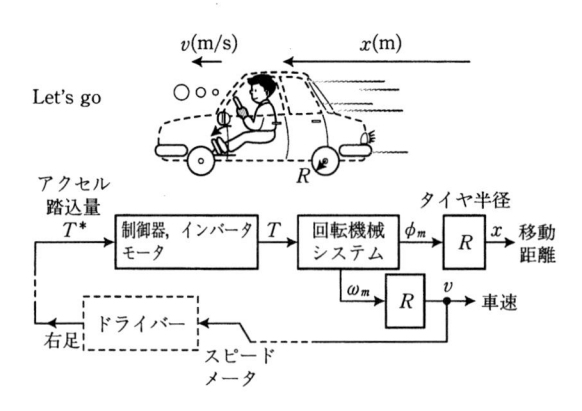

図8.4 電気自動車ドライブ

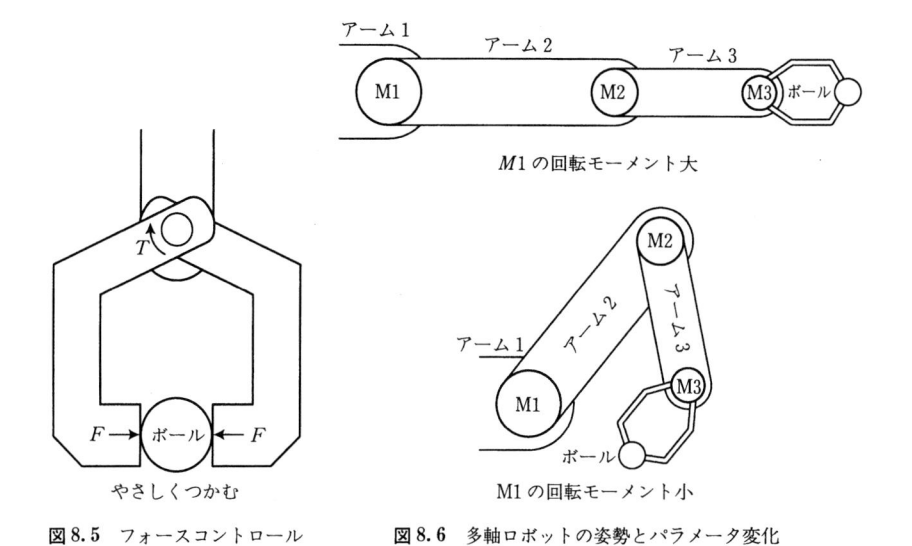

図 8.5 フォースコントロール　　図 8.6 多軸ロボットの姿勢とパラメータ変化

そこで，ドライブはトルク指令値に追従するトルクを精度よく発生する必要がある．

図 8.6 は多軸ロボットの構成を示している．アーム 1 から 3 があり，さらにハンドが先端に取り付けられている．各アームには電動機 M1, M2, M3 が取り付けられている．M1 の電動機に着目すると，腕を伸ばした状態では回転モーメント J が大きく，腕を曲げた状態では J は小さい．このようにロボットの姿勢により機械系システムパラメータが変化する．最悪の場合，フィードバック系が不安定になり，発振してしまうおそれがある．したがって，このような状況下ではシステムの変化をあらかじめ予測して安定化する制御系が必要になる．各モータのトルク指令値を発生する制御システムに工夫が必要になり，モーションコントロールの制御系設計の面白いところである．

8.2 速度コントロール

表 8.1 は速度コントロールの応用を示している．家電製品ではエアコンディショナー（エアコン）(air conditioner) のコンプレッサ駆動，ファン駆動，冷蔵庫のコンプレッサ駆動，洗濯機の回転軸駆動などにインバータ駆動の永久磁石内蔵形電動機 (IPM モータ：interior permanent magnet motor) などが用

いられている．コンピュータ機器のDVD, CD-ROM, HDDなどの円盤を回転する機器では，円盤を回転駆動するスピンドルの速度制御に永久磁石形電動機のドライブが適用されている．

表 8.1 速度コントロールの応用

分類	応用
家 電	エアコンコンプレッサ駆動，ファン駆動 冷蔵庫コンプレッサ駆動 洗濯機 CD-ROM, DVD, HDD ドライブ
民生品	電車，新幹線，マグレブ エスカレータ スキー場リフト 飛行場の荷物搬送
産業用	製紙プラント 鉄・非鉄金属の圧延機 繊維機械 印刷機械 工作機械スピンドル駆動

また，最近の新幹線や都市近郊の電車ではインバータ駆動の誘導機が用いられ，少々古いタイプではチョッパ駆動の直流機ドライブなどが用いられている．山梨リニア実験線のマグレブでは，超伝導を用いた同期形リニアモータが巨大なインバータにより駆動され，速度制御されている．他の移動機械として，エスカレータ，スキー場のリフトなども速度制御されている．

産業用では，製紙プラント，鉄，非鉄金属の圧延機，繊維機械，印刷機械などで速度制御されるドライブが多く用いられている．製紙プラントではコンピュータのプリンタに用いられる紙の紙厚精度を向上する必要がある．鉄などの金属の圧延では，自動車のボディに用いられた際に，きれいに見えるように厚み精度が必要になっている．繊維機械では染色性がよく均質な糸を短時間に大量に生産する必要がある．以上の要求を満たすため速度制御性がよいドライブが必要である．

以上のように速度制御の応用分野はきわめて広くそのすべてを解説することは難しい．ここでは，省エネ化技術の発展が著しいエアコンについて解説する．

8.2 速度コントロール

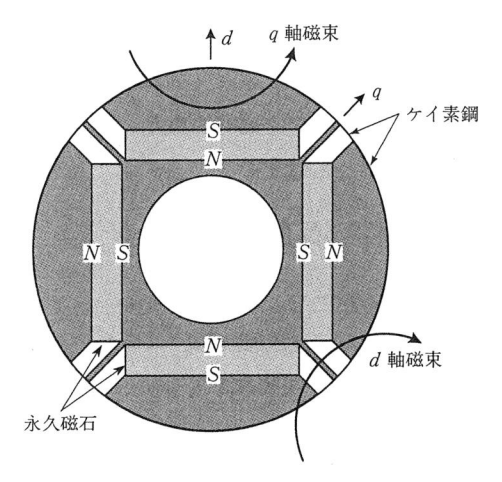

図 8.7 IPM モータ

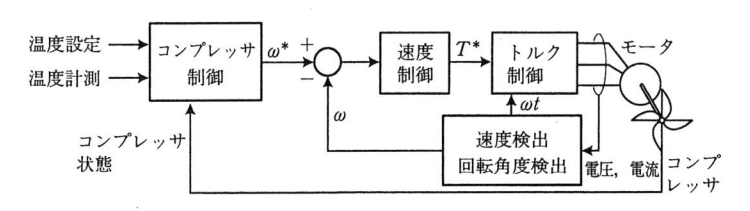

図 8.8 エアコンのコンプレッサドライブ

　図 8.7 は IPM モータの断面を示している．回転子は積層ケイ素鋼で構成され，ケイ素鋼板に構成されたスロットに永久磁石を埋め込んだ形式である．永久磁石の起磁力により 4 極の磁極が形成される．図中に q 軸磁束で示すように，q 軸方向には磁束が通りやすく，一方，d 軸磁束で示すように，d 軸方向はギャップが構成されているため磁束が通りにくい．この結果，リラクタンストルクが発生する．既に示した円筒形永久磁石モータより効率が高い．

　図 8.8 はエアコンのコンプレッサ駆動ドライブのシステム構成を示している．エアコンでは熱交換をヒートポンプで行う．そこで，冷媒をコンプレッサにより圧縮する必要がある．コンプレッサ (圧縮機) を回転駆動すると，コンプレッサが回転して冷媒が圧縮される．効率よく運転し，さらに，急速暖房，冷房を行うため冷媒の温度，温度設定値，内外の温度検出値に応じてコンプレッサの駆動速度を制御する必要がある．最適なコンプレッサ回転速度指令値

ω^* を発生し，速度検出値 ω と比較し，速度制御器によりトルク指令値 T^* を発生する．このトルク指令値に一致するトルクを電動機が発生するようにドライブを制御する．さらに，コストダウンするため，電圧，電流などから電動機の回転角度位置，回転速度などを推定する．

8.3 位置コントロール

電動機を用いて位置コントロールを行う応用では，ロボット，工作機械の送り制御，半導体露光装置などの位置決め制御，エレベータなどがある．

図 8.9 はボールねじによる位置決め制御を示している．電動機の主軸にはボールねじが取り付けられている．ボールねじには移動台が取り付けられ，この移動台の x 方向の位置を制御するものである．ボールねじが 1 回転すると移動台はねじ山 1 ピッチ分だけ x 方向に移動する．モータには回転角度位置検出器が取り付けられていて，回転角度を検出する．回転角度にねじピッチを乗じると位置 x になる．位置決め精度を向上するためには精密なボールねじ，

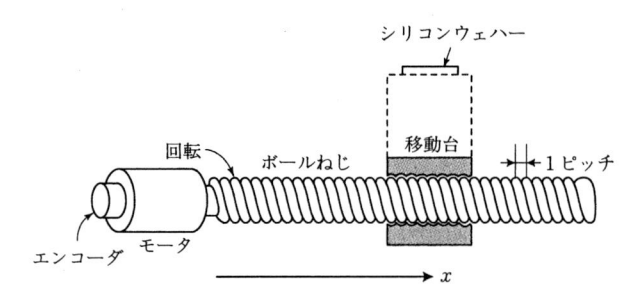

図 8.9 ボールねじによる位置決め

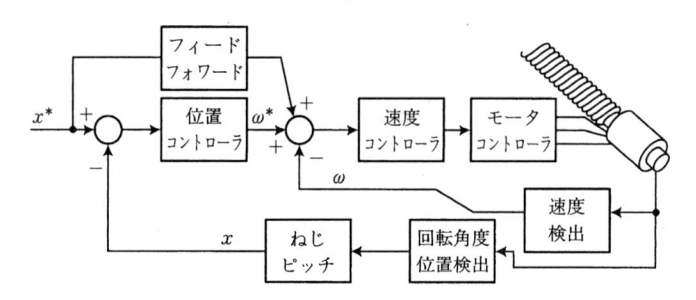

図 8.10 ボールねじによる位置制御システム構成

精密な回転角度制御が必要である．

図8.10は位置制御システムの構成を示している．位置指令値 x^* が与えられ，検出された位置 x と比較される．この位置誤差が増幅され，位置コントローラに入力され，増幅され，速度指令値 ω^* を発生する．速度指令値と速度検出値 ω が比較され，速度コントローラに入力され，トルク指令値 T^* が発生する．このトルク指令値に一致するように電動機，インバータが制御される．

位置指令値 x^* があらかじめプログラムされてランプ上に変化するような場合，偏差をきわめて小さくするためにはフィードフォワードブロックを追加することが有効であり，モーションコントロールの設計の面白いところである．

演 習 問 題

8.1 図8.11に示す速度制御システムにおいて以下の3つのコントローラについて ω_m/ω_m^* を算出し，極配置，応答について考察せよ．3つのコントローラはなんと呼ばれるか．また，J が変動した場合に極配置にどのような影響が生じるのか．なお，速度指令値 ω^* と速度検出値 ω の差をコントローラ G_c で増幅し，ドライブ系の伝達関数はほぼ定数 K とおけるとする．また，粘性などは無視することができ，慣性モーメントを J とする．外乱トルク $T_L=0$ とせよ．

(a) $G_c=\dfrac{K_I}{s}$, (b) $G_c=K_p$, (c) $G_c=\dfrac{K_I}{s}+K_p$

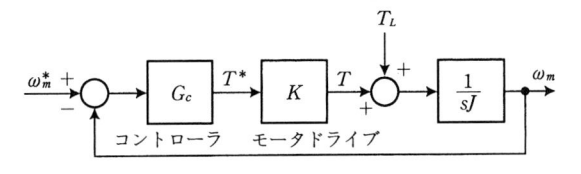

図 8.11

8.2 図8.12には位置制御システムが描かれている．位置指令値 θ^* が与えられ，検出した回転角度位置 θ と比較し，コントローラ A により増幅される．B はドライブの伝達関数であり，定数とみなすことができる．発生トルクに負荷トルク T_L が加算される．回転モーメントを J とする．

(1) 制御器が比例積分制御であり，$A=K_p+K_I/s$ の場合の θ/θ^* を算出せよ．このシステムは安定であるだろうか．

(2) コントローラが比例微分制御であり，$A=K_p+sK_d$ で与えられるときの θ/θ^* を算出せよ．安定性について述べよ．

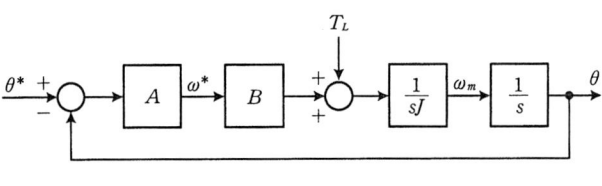

図 8.12

9. 誘導機の座標変換

本章では 6 章の出発点になった d,q 軸上の電圧電流方程式を導出する．すなわち，誘導電動機の三相軸上の等価回路から電圧電流方程式を導出し，座標変換を施し，d,q 軸上の電圧電流方程式を導出する．基礎を体得する意欲のある諸君にはぜひ読破してほしい．

9.1 u,v,w 軸上の電圧電流方程式

図 9.1 は 2 極のかご形誘導機 (squirrel cage induction motor) の u,v,w 軸上での等価回路を描いている．固定子には u,v,w の三相巻線が施され，1 次角周波数 ω の電流 i_{us}, i_{vs}, i_{ws} が流れ込む．中性点からの端子までの電圧を v_{us}, v_{vs}, v_{ws} とする．固定子 u 相では，巻線抵抗 R_s と固定子漏れインダクタンス ℓ_s が直列に接続され，さらに，インダクタンス M' が接続されている．インダクタンスは他の固定子の巻線と 120° 起磁力の方向がずれているので $-M'/2$ の相互結合をもつ．さらに，回転子巻線とは回転角度位置 θ_{re} により変化する相互インダクタンスをもち，u 相の回転子巻線とは $M'\cos\theta_{re}$ の相互結合がある．

回転子は固定子に対して反時計回りに角速度 ω_{re} で回転し，図では θ_{re} の角度位置にある場合を描いている．u 相の回転子巻線は固定子巻線と $M'\cos\theta_{re}$ の相互結合をもち，電磁誘導により電圧を発生する．さらに，他の回転子巻線と $-M'/2$ の相互結合がある．R_r は回転子巻線抵抗であり，2 次抵抗とも呼ばれる．回転子回路は短絡されており，回転子の電流は角周波数 ω_{se} の交流電

流である.

この回路から電圧電流方程式は以下のようになる.

$$\begin{bmatrix} v_{us} \\ v_{vs} \\ v_{ws} \\ 0 \\ 0 \\ 0 \end{bmatrix} = \begin{bmatrix} R_s+PL'_s & -P\frac{M'}{2} & -P\frac{M'}{2} & PM'\cos\theta_{re} & PM'\cos\left(\theta_{re}-\frac{2\pi}{3}\right) & PM'\cos\left(\theta_{re}+\frac{2\pi}{3}\right) \\ -P\frac{M'}{2} & R_s+PL'_s & -P\frac{M'}{2} & PM'\cos\left(\theta_{re}+\frac{2\pi}{3}\right) & PM'\cos\theta_{re} & PM'\cos\left(\theta_{re}-\frac{2\pi}{3}\right) \\ -P\frac{M'}{2} & -P\frac{M'}{2} & R_s+PL'_s & PM'\cos\left(\theta_{re}-\frac{2\pi}{3}\right) & PM'\cos\left(\theta_{re}+\frac{2\pi}{3}\right) & PM'\cos\theta_{re} \\ PM'\cos\theta_{re} & PM'\cos\left(\theta_{re}+\frac{2\pi}{3}\right) & PM'\cos\left(\theta_{re}-\frac{2\pi}{3}\right) & R_r+PL'_r & -P\frac{M'}{2} & -P\frac{M'}{2} \\ PM'\cos\left(\theta_{re}-\frac{2\pi}{3}\right) & PM'\cos\theta_{re} & PM'\cos\left(\theta_{re}+\frac{2\pi}{3}\right) & -P\frac{M'}{2} & R_r+PL'_r & -P\frac{M'}{2} \\ PM'\cos\left(\theta_{re}+\frac{2\pi}{3}\right) & PM'\cos\left(\theta_{re}-\frac{2\pi}{3}\right) & PM'\cos\theta_{re} & -P\frac{M'}{2} & -P\frac{M'}{2} & R_r+PL'_r \end{bmatrix} \begin{bmatrix} i_{us} \\ i_{vs} \\ i_{ws} \\ i_{ur} \\ i_{vr} \\ i_{wr} \end{bmatrix}$$

(9.1)

ここで,L'_sは固定子巻線の自己インダクタンス,L'_rは回転子巻線の自己インダクタンス,θ_{re}はu相固定子巻線を基準として反時計回りにとったu相回転子巻線の電気回転角度位置,$P(=d/dt)$は微分演算子である.左辺4~6行目は回転子巻線の相電圧v_{ur},v_{vr},v_{wr}であり,短絡されているので0である.

L'_s,L'_rはそれぞれ漏れインダクタンスl_s,l_rとM'の和であり,

$$\begin{aligned} L'_s &= l_s + M' \\ L'_r &= l_r + M' \end{aligned}$$

(9.2)

9.1 u, v, w 軸上の電圧電流方程式

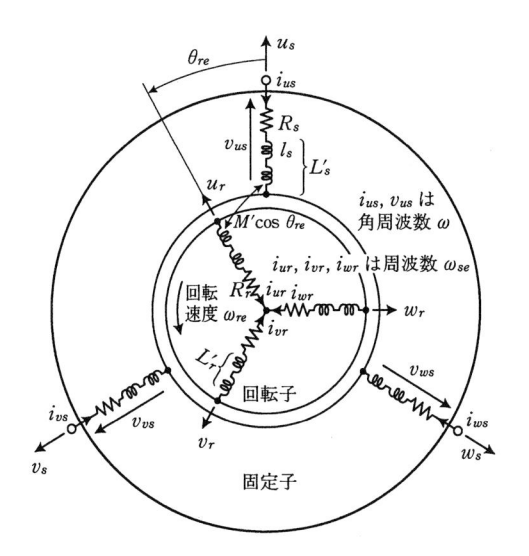

図 9.1 三相かご形誘導機の等価回路

表 9.1 誘導機の周波数,角周波数,回転速度

名　　称	記号	定　　義	数値例
1次周波数	f	固定子電圧・電流周波数	50 Hz
1次角周波数	ω	$=2\pi f$	314 rad/s
すべり	s_l	$=(f-f_{re})/f$	0.1
すべり周波数	f_{sl}	$=s_l \times f$ 回転子電流の周波数	5 Hz
すべり角周波数	ω_{se}	$=2\pi f_{sl}$	31.4 rad/s
電気的な回転角速度	ω_{re}	$=\omega - \omega_{se} = p_o \omega_{rm}$	283 rad/s
電気的な回転周波数	f_{re}	$=f - f_{sl} = p_o n_{rm}$	45 Hz
機械的な回転速度	n_{rm}	$=(f-f_{sl})/p_o$	22.5 r/s*(毎秒)
	n'_{rm}	$=60 n_{rm}$	1350 r/min*(毎分)
機械的な回転角速度	ω_{rm}	$=(\omega - \omega_{se})/p_o$	141 rad/s*

＊極対数 $p_o=2$ である4極機の数値例

である.

　誘導機の固定子電流の角周波数 ω に対して,回転子はやや低い角周波数 ω_{re} で回転する.このとき,回転子巻線の電流の角周波数は ω_{se} であり,$\omega_{se}=\omega - \omega_{re}$ である.表 9.1 は誘導機の各種周波数の定義と関係をまとめている.表 9.1 では商用周波数駆動の4極機について数値例をあげている.なお,本章で

は主として極対数 $p_o=1$ である 2 極機の場合について述べる．

9.2 座標変換行列

表9.2は u, v, w 軸から d, q 軸までの座標変換の変換行列と座標軸を示している．u, v, w 軸から三相二相変換により u, v, w 軸を α, β 相軸に変換する．さらに，回転子について ω_{re} の回転座標変換を行い，固定子，回転子の電流角周波数を ω にそろえる d', q' 軸に変換する．さらに，固定子，回転子両方について d', q' 軸から角周波数 ω の回転座標変換を施し，d, q 軸の直流量に変換する．$\phi=\int\omega dt$ である．

表 9.2 座標変換と変換行列

① u, v, w 軸座標系から α, β 軸座標系へ

$$\begin{bmatrix} i_{as} \\ i_{\beta s} \\ i_{ar} \\ i_{\beta r} \end{bmatrix} = \sqrt{\frac{2}{3}} \begin{bmatrix} 1 & \frac{-1}{2} & \frac{-1}{2} & 0 & 0 & 0 \\ 0 & \sqrt{3}/2 & -\sqrt{3}/2 & 0 & 0 & 0 \\ 0 & 0 & 0 & 1 & \frac{-1}{2} & \frac{-1}{2} \\ 0 & 0 & 0 & 0 & \sqrt{3}/2 & -\sqrt{3}/2 \end{bmatrix} \begin{bmatrix} i_{us} \\ i_{vs} \\ i_{ws} \\ i_{ur} \\ i_{vr} \\ i_{wr} \end{bmatrix}$$

② α, β 軸座標系から d', q' 軸座標系へ

$$\begin{bmatrix} i_{d's} \\ i_{q's} \\ i_{d'r} \\ i_{q'r} \end{bmatrix} = \begin{bmatrix} 1 & 0 & 0 & 0 \\ 0 & 1 & 0 & 0 \\ 0 & 0 & \cos\theta_{re} & -\sin\theta_{re} \\ 0 & 0 & \sin\theta_{re} & \cos\theta_{re} \end{bmatrix} \begin{bmatrix} i_{as} \\ i_{\beta s} \\ i_{ar} \\ i_{\beta r} \end{bmatrix}$$

③ d', q' 軸座標系から d, q 軸座標系へ

$$\begin{bmatrix} i_{ds} \\ i_{qs} \\ i_{dr} \\ i_{qr} \end{bmatrix} = \begin{bmatrix} \cos\phi & \sin\phi & 0 & 0 \\ -\sin\phi & \cos\phi & 0 & 0 \\ 0 & 0 & \cos\phi & \sin\phi \\ 0 & 0 & -\sin\phi & \cos\phi \end{bmatrix} \begin{bmatrix} i_{d's} \\ i_{q's} \\ i_{d'r} \\ i_{q'r} \end{bmatrix}$$

なお，この表では，電流の変換について記載しているが，電圧についても同様に座標変換を行う．

表9.3は各座標軸上での固定子，回転子電流の瞬時値を示している．u, v, w 軸上で振幅 5 A，角周波数 ω の固定子電流 i_{us} と振幅 2 A で角周波数 ω_{se} の回転子電流 i_{ur} の各座標軸上での振幅，角周波数を示している．

固定子電流は三相二相変換により振幅が $\sqrt{3/2}$ 倍に増加する．d, q 変換後直

流量になる．一方，回転子電流も三相二相変換により $\sqrt{3/2}$ 倍に振幅が増加する．回転子電流の角周波数は ω_{se} であるのが，d', q' 軸上では ω に変換され，さらに，d, q 軸上では直流量になる．

表 9.3 座標系と電流振幅，角周波数例

座標系	固定子電流	回転子電流
u, v, w 軸	$i_{us}=5\cos\omega t$	$i_{ur}=2\cos\omega_{se}t$
α, β 軸	$i_{\alpha s}=5\sqrt{\dfrac{3}{2}}\cos\omega t$	$i_{\alpha r}=2\sqrt{\dfrac{3}{2}}\cos\omega_{se}t$
d', q' 軸	$i_{d's}=5\sqrt{\dfrac{3}{2}}\cos\omega t$	$i_{d'r}=2\sqrt{\dfrac{3}{2}}\cos\omega t$
d, q 軸	$i_{ds}=5\sqrt{\dfrac{3}{2}}$	$i_{dr}=2\sqrt{\dfrac{3}{2}}$

表 9.4 は固定子電圧の振幅と周波数を各座標軸についてまとめている．線間電圧実効値 200 V の場合，相電圧振幅は $\sqrt{2/3}$ 倍になり，三相二相変換により $\sqrt{3/2}$ 倍される．この結果，d, q 軸では 200 V の直流電圧になる．

表 9.4 座標系と固定子電圧，周波数例

座標系	量	値	数値	周波数
u, v, w 軸	線間電圧	実効値	200 V	50 Hz
u, v, w 軸	Y 相電圧	振幅	164 V $\left(=200\times\sqrt{\dfrac{2}{3}}\right)$	50 Hz
α, β 軸	電圧	振幅	200 V $\left(=164\times\sqrt{\dfrac{3}{2}}\right)$	50 Hz
d', q' 軸	電圧	振幅	200 V	50 Hz
d, q 軸	電圧	直流	200 V	直流

9.3 座標変換の例

〔例 9.1〕 u, v, w 軸上の電圧電流方程式を α, β 変換し，α, β 軸上の電圧電流方程式を導出せよ．

〔解〕 式 (9.1) は式 (5.6) で $[\psi]=0$ である場合に等しい．表 9.2 の①の変換行列を $[C]$ とし，式 (5.10) の右辺第 1, 2 項を算出する．$[C]$ は時間に対して変化しないので，式 (5.10) の第 2 項の $[C]P\{[L][C]^t[i']\}$ は $P\{[C][L][C]^t[i']\}$ である．この結果，

$$\begin{bmatrix} v_{\alpha s} \\ v_{\beta s} \\ 0 \\ 0 \end{bmatrix} = \left\{ \begin{bmatrix} R_s & 0 & 0 & 0 \\ 0 & R_s & 0 & 0 \\ 0 & 0 & R_r & 0 \\ 0 & 0 & 0 & R_r \end{bmatrix} \right.$$

$$+ P \begin{bmatrix} L_s & 0 & M\cos\theta_{re} & -M\sin\theta_{re} \\ 0 & L_s & M\sin\theta_{re} & M\cos\theta_{re} \\ M\cos\theta_{re} & M\sin\theta_{re} & L_r & 0 \\ -M\sin\theta_{re} & M\cos\theta_{re} & 0 & L_r \end{bmatrix} \Bigg\} \begin{bmatrix} i_{\alpha s} \\ i_{\beta s} \\ i_{\alpha r} \\ i_{\beta r} \end{bmatrix}$$

ただし，$M=(3/2)M'$ であり，$L_s=l_s+M, L_r=l_r+M$ である．

〔例 9.2〕 α, β 軸上の電圧電流方程式を d', q' 座標系に変換せよ．

〔解〕 $P\theta_{re}=\omega_{re}$ であり，変換行列が時間関数であることに注意して変換すると，

$$\begin{bmatrix} v_{d's} \\ v_{q's} \\ 0 \\ 0 \end{bmatrix} = \begin{bmatrix} R_s+PL_s & 0 & PM & 0 \\ 0 & R_s+PL_s & 0 & PM \\ PM & \omega_{re}M & R_r+PL_r & \omega_{re}L_r \\ -\omega_{re}M & PM & -\omega_{re}L_r & R_r+PL_r \end{bmatrix} \begin{bmatrix} i_{d's} \\ i_{q's} \\ i_{d'r} \\ i_{q'r} \end{bmatrix}$$

である．

〔例 9.3〕 d', q' 座標系の電圧電流方程式を d, q 座標系に変換せよ．なお，$P\phi=\omega$ である．

〔解〕 変換行列が時間関数であることに注意して変換すると，

$$\begin{bmatrix} v_{ds} \\ v_{qs} \\ 0 \\ 0 \end{bmatrix} = \begin{bmatrix} R_s+PL_s & -\omega L_s & PM & -\omega M \\ \omega L_s & R_s+PL_s & \omega M & PM \\ PM & -(\omega-\omega_{re})M & R_r+PL_r & -(\omega-\omega_{re})L_r \\ (\omega-\omega_{re})M & PM & (\omega-\omega_{re})L_r & R_r+PL_r \end{bmatrix} \begin{bmatrix} i_{ds} \\ i_{qs} \\ i_{dr} \\ i_{qr} \end{bmatrix}$$

が得られる．この式は式 (6.1) に等しい．

9.4 T 形 等 価 回 路

図 9.2 は誘導機の T 形等価回路を示している．この T 形等価回路は 1 相分の等価回路であり，電圧は相電圧実効値であり，電流は線電流実効値である．無負荷試験，拘束試験などから電動機定数を得ることができる．一般に l_s と l_r の値を等しいと仮定する．また，自己インダクタンス $L_s=M+l_s$, $L_r=M+l_r$ である．この等価回路から得られるのは L'_s, L'_r ではないことに注意する必要がある．

$L_s = M + l_s,\ L_r = M + l_r$

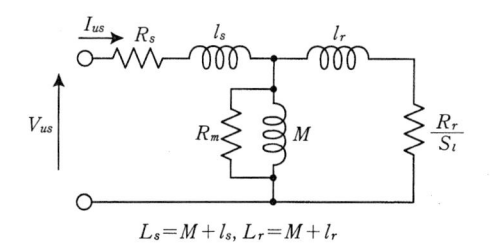

図 9.2 誘導機 1 相分の T 形等価回路

演 習 問 題

9.1 表 9.2 の変換行列がユニタリ行列であることを示せ．

9.2 いま，固定子，回転子電流が次式で表されるとき，各座標軸の電流が表 9.3 になることを示せ．ただし，$I_3 = 5$ A, $I_r = 2$ A である．

$$\begin{bmatrix} i_{us} \\ i_{vs} \\ i_{ws} \\ i_{ur} \\ i_{vr} \\ i_{wr} \end{bmatrix} = \begin{bmatrix} I_3 \cos \omega t \\ I_3 \cos(\omega t - 2\pi/3) \\ I_3 \cos(\omega t - 4\pi/3) \\ I_r \cos \omega_{se} t \\ I_r \cos(\omega_{se} t - 2\pi/3) \\ I_r \cos(\omega_{se} t - 4\pi/3) \end{bmatrix}$$

9.3 例 9.1 の導出過程を示せ．

9.4 例 9.2 の導出過程を示せ．

9.5 例 9.3 の導出過程を示せ．

参 考 文 献

1) 杉本英彦，小山正人，王井伸三：AC サーボシステムの理論と設計の実際，総合電子出版社，1990

演習問題解答

1.1 パワートランジスタが図 1.6 の特性を有していて，図 1.7 の I_C の矩形波形で駆動されるとき，トランジスタのコレクタ-エミッタ間には同じ図の V_{CE} の電圧変化が生じる．この矩形波の過渡的な変化は，動作点 P がトランジスタの能動領域を通過する際に生じるもので，I_C，V_{CE} の時間波形を重ね合わせて積を取ったものが，トランジスタの消費電力となる．その中で過渡時は電圧あるいは電流がともに 0 にならないため，電力消費が無視できず，大きな損失となる．図を描いて瞬時電力を求めればよい．

1.2 （ヒント）サイリスタの pnpn 接合は解図 1.2 の pnp トランジスタと npn トランジスタからなる等価回路で表すことができる．これよりトランジスタの特性図からサイリスタの動作を説明することができる．

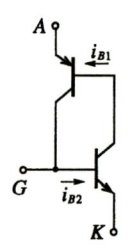

解図 1.2 サイリスタの等価回路

2.1 電圧実効値 $V_{ac}=100$ V として，式 (2.1) から (2.3) に代入すると，$V_{dc}=90$ V，$I_{dc}=0.9$ A，$P_{dc}=100$ W となる．

2.2 三相サイリスタブリッジ変換器の直流電圧は式 (2.12) より，

$$V_{dc}=\frac{3\sqrt{2}}{\pi}V_{ac}\cos\alpha$$

単相サイリスタブリッジの直流電圧は式 (2.7) より，

$$V_{dc}=\frac{2\sqrt{2}}{\pi}V_{ac}\cos\alpha$$

のように，どちらも余弦の曲線を描くが，3 相の方が 3/2 倍大きくなる．

2.3 直流側平均電圧と交流側電流の基本波成分は次式と考えられる．

$$V_{dc}=\frac{3\sqrt{2}}{\pi}V_{ac}\cos\alpha, \quad I_{ac}=\frac{\sqrt{6}}{\pi}I_{dc}$$

したがって，有効電力は

$$P = V_{dc}I_{dc} = \left(\frac{3\sqrt{2}}{\pi}V_{ac}\cos\alpha\right)\left(\frac{\pi}{\sqrt{6}}I_{ac}\right) = \sqrt{3}\,V_{ac}I_{ac}\cos\alpha = \sqrt{3}\,V_{ac}I_{ac}\cos\phi$$

と表されるので，力率と無効電力は次式で表される．

$$\cos\phi = \cos\alpha, \quad Q = \sqrt{3}\,V_{ac}I_{ac}\sin\alpha = V_{dc}I_{dc}\tan\alpha$$

2.5 直流モータの回生制動時には，モータの電流の向きは駆動時と逆方向となるため，サイリスタ変換器の接続方向を変更する必要がある．もし，そのような変更が望ましくないのであれば，逆並列に 2 台のサイリスタ変換器を接続すればよい．ただし，この構成は装置のコストが上昇する．

2.6 重なり角 u は式 (2.15) を満たす．これを解いて

$$u = \cos^{-1}\left(\cos\alpha + \frac{I_{dc}}{I_S}\right) - \alpha$$

重なり角 u が最も大きいときは α が 0 度もしくは 180 度のとき，小さいときは 90 度のときである．

2.7 L-R 負荷に対してはスイッチオフのときに電流がトランジスタスイッチ素子に流れているため，スイッチオフと同時に対になっているスイッチのダイオードへ転流が行われるため，図 2.36 と図 2.38 は同じに見える．C-R 負荷に対してはスイッチオフのときに電流がダイオードに流れているため，スイッチオフではなく，対のスイッチがオンすると同時にそのスイッチのトランジスタスイッチ素子へ転流が行われるため，図 2.37 と図 2.38 は異なって見える．しかし，スイッチオンのタイミングに注目すると話は逆になることに注意してほしい．

3.1 ON モードでは負荷電流を i，出力電圧を v_c として，

$$\begin{cases} \dfrac{di}{dt} = \dfrac{V_I}{L} - \dfrac{r_i}{L}i \\ \dfrac{dv_c}{dt} = -\dfrac{v_c}{C(R+r_c)} \end{cases}$$

さらに，OFF モードでは

$$\begin{cases} \dfrac{di}{dt} = \dfrac{V_I}{L} - \dfrac{i}{L}\left(r_i + \dfrac{Rr_c}{R+r_c}\right) - v_c\dfrac{R}{L(R+r_c)} \\ \dfrac{dv_c}{dt} = \dfrac{1}{C(R+r_c)}(Ri - v_c) \end{cases}$$

となる．

3.2 バックコンバータの負荷がモータで誘導性であるので，図 1.14 の等価回路で検討することができる．そのとき回路方程式は，式 (1.3) で与えられる．T_{ON} 期間の最初の時刻 $t=0$ において初期条件を $i_1=0$ とすると，時刻 t における電流は

$$i_1 = \frac{E_d - E_m}{R}(1 - e^{-\frac{R}{L}t})$$

その最大値 I_{max} が，T_{OFF} 期間の初期値になる．その値は，

$$I_{max} = \frac{E_d - E_m}{R}(1 - e^{-\frac{R}{L}T_{ON}})$$

したがって，T_{OFF} 期間の環流電流は

$$i_2 = I_{max} e^{-\frac{R}{L}t} - \frac{E_m}{R}(1 - e^{-\frac{R}{L}t})$$

この電流が 0 になるか否かが連続導通モードと不連続導通モードの閾条件となる．

3.4 （ヒント）インダクタンスの蓄積エネルギーは $E_1 i_1 T_{ON}$ で与えられる．したがってこの蓄積エネルギーとスイッチング周波数の関係を考えればよい．

4.1 （ヒント）入力電圧を $E_I = E_m \sin \omega t$ とする．このとき，ダイオードブリッジ整流回路の理想出力は，負荷抵抗を R_L，ダイオードの抵抗を R_D とすると，

$$E_D = \frac{R_L}{R_L + 2R_D} E_m |\sin \omega t|$$

この出力は図 4.18 に示される脈流となる．したがって，コンデンサ入力フィルタを接続すると，出力値が最大値を取った後，コンデンサの放電状態になり，その電位が再び整流回路出力電圧に比べて低くなるまで放電が続く．それが図 4.18 である．したがって，フィルタを接続した場合の出力波形 E_o は

$$E_o = \begin{cases} \dfrac{R_L}{R_L + 2R_D} E_m \sin \omega t \\ \dfrac{R_L}{R_L + 2R_D} E_m\, e^{-\frac{\omega t - \pi/2}{\omega C R_L}} \end{cases}$$

となる．この関係を利用して，両波形の交点を決定すれば電圧の最低値が決定されるので，電圧変動率が算出できる．

4.3 条件より，スイッチオンの時間は $T_{ON} = T_s \times d_F = 10 \times 0.25 = 2.5\,\mu\mathrm{s}$．$T_r = 2.5 \times (4/3) = 3.3\,\mu\mathrm{s}$，$f_r = 300\,\mathrm{kHz}$ として，$L_r = 4\,\mu\mathrm{H}$，とすると，$C_r = 0.1\,\mu\mathrm{F}$，$X_r = (L_r/C_r)^{0.5} = 6.3\,\Omega$ となり，C_r, L_r の共振電流の振幅は $I_{r-peak} = 15.9\,\mathrm{A}$ となるので，$C_r = 0.5\,\mu\mathrm{F}$，$L_r = 20\,\mu\mathrm{H}$．出力電圧 25 V で 1 スイッチング周期の変動幅は，$\Delta I = V_{co}/L_d \times T_s < 10\mathrm{A} \times (1/10) = 1\,\mathrm{A}$ 程度と考え，$L_d \geq V_{co} \times T_s/\Delta I = (25 \times 10.0\,e-6)/1 = 0.00025\,\mathrm{H} = 250\,\mu\mathrm{H}$ となる．したがって，周波数を高くすれば C_r, L_r および L_d を小さくできることがわかる．

5.1 相電圧振幅は $200\sqrt{2}/\sqrt{3}$ である．a, b 軸上の電圧振幅は相電圧振幅の $(3/2) \times \sqrt{2/3}$ 倍であるので，200 V である．そこで，実効値は $200/\sqrt{2} = 141\,\mathrm{V}$ である．d 軸電圧は 200 V である．

5.2 u 相の電流により発生するギャップ磁束を ψ_g とすれば，$\psi_g = (L-\iota)i_u$ である．v 相の巻線起磁力が $120°$ ずれているので，ψ_g による v 相の鎖交磁束 ψ_v は，$\psi_v = (L-\iota)i_u \cos 120° = -(1/2)(L-\iota)i_u$ である．相互インダクタンスは ψ_v/i_u であるの

で，$M_{uv}=-(1/2)(L-\iota)$ であり，負の値である．絶対値を M とすると，$M=(1/2)(L-\iota)$ であり，$L=\iota+2M$ であることが明らかである．

5.3 (a) 解図 5.1 に示すように回転方向を反時計方向とすると位相進み角は反時計方向が正である．図 5.1(a),(b) に示したように q 軸は d 軸より 90° 進んだ方向に定義されている．そこで，解図に示す軸配置になる．(b) 解図にて ϕ_p が力率角．力率角は 0 に近い．(c) $-\omega L_2 i_q$ は q 軸磁束の微分により発生する速度起電力．q 軸方向よりさらに 90° 進むため d 軸負方向のフェーザになる．

5.4 式 (5.14) を i_d, i_q の時間微分について解いて，

$$PL_2\begin{bmatrix}i_d\\i_q\end{bmatrix}=\begin{bmatrix}-R & \omega L_2\\-\omega L_2 & -R\end{bmatrix}\begin{bmatrix}i_d\\i_q\end{bmatrix}+\begin{bmatrix}v_d\\v_q-\omega\psi_m\end{bmatrix}$$

ブロック図は解図 5.2 になる．なお，上式を辺々 L_2 で除すと状態方程式．

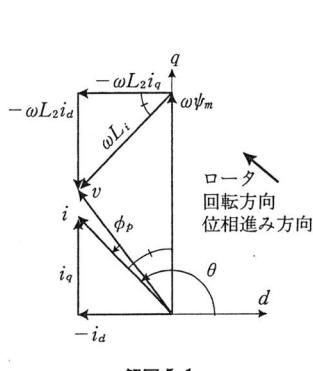

解図 5.1 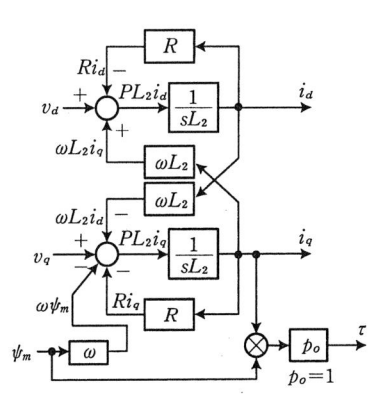   解図 5.2

6.1 $\psi_{gq}=0$ であるので $i_{qr}=-i_{qs}$ ① である．また，$i_{dr}=\psi_{dg}/M-i_{ds}$ ② である．一方，式 (6.1) の 4 行目に $\omega_{se}=\omega-\omega_{re}$ を代入して ω_{se} について解く．分子に①を代入して i_{qr} を消去し，さらに，$\iota_r=L_r-M$ を代入する．一方，分母に②を代入し，さらに，$\iota_r=L_r-M$ を代入すると，

$$\omega_{se}=\frac{\left(\dfrac{R_r}{L_r}+P\dfrac{\iota_r}{L_r}\right)i_{qs}}{\dfrac{\psi_{dg}}{M}-\dfrac{\iota_r}{L_r}i_{ds}}$$

一方，式 (6.1) 3 行目に $\omega_{se}=\omega-\omega_{re}$ を代入し，同様に計算すると i_{ds} は

$$i_{ds}=\frac{1}{1+P\dfrac{\iota_r}{R_r}}\left[\left(1+\dfrac{L_r}{R_r}P\right)\dfrac{\psi_{dg}}{M}+\omega_{se}\dfrac{\iota_r}{R_r}i_{qs}\right]$$

である.

6.2 解図 6.1 参照.

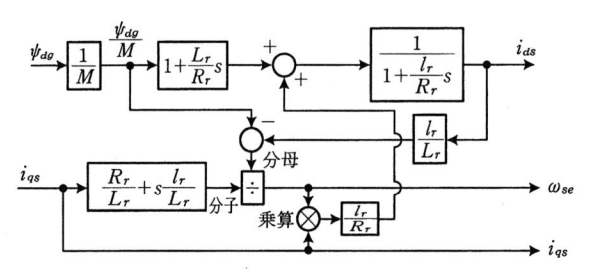

解図 6.1 ギャップ磁束一定とするベクトル制御器

7.1

(1) 解図 7.1 参照.

(2) 一例を示すと $(1, 0, 0)$ では i_u 増加, i_v, i_w 減少. $(1, 1, 0)$ では, i_u, i_v 増加, i_w 減少. $(0, 0, 0)$ と $(1, 1, 1)$ は三相の電圧がすべて等しいので, 電流の増減なし.

(3) $(0, 0, 0)$ はすべての電流を減少したいときに選択されるが, 電流は減少しない. 一方, $(1, 1, 1)$ はすべての電流を増加したいときに選択されるが, 電流は増加しない. したがって, 各相独立にヒステリシス電流制御を行うとヒステリシス幅に電流が制御されない区間が生じることがある. そこで, 三相を一括してスイッチング関数を決定する方法も考えられる.

7.2 解図 7.2 参照.

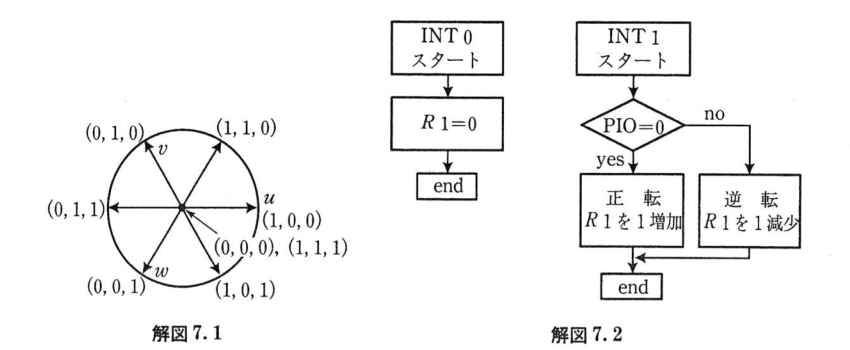

解図 7.1　　　　解図 7.2

7.3

(1) 5 ターンとすれば等価的に 50 A になる.

(2) 10 V が 14.1 A とすればよい．なお切れがよいように 10 V を 20 A にしてもよい．

(3) $\dfrac{14.1\,\text{A}\times 5\,\text{ターン}}{2000}R=10\,\text{V}$ より $R=283\,\Omega$ とする．なお切れがよいようにするには，$\dfrac{10\,\text{A}\times 5\,\text{ターン}}{2000}R=5\,V$ より，$R=200\,\Omega$ である．

8.1

(a) 積分制御（I 制御）．外乱トルク $T_L=0$ として，$\omega_m/\omega_m^*=\dfrac{s^2}{s^2+(K_IK/J)}$ であり，極は虚軸上にあり，$\pm j(K_IK/J)$ である．応答は持続振動であるため指令値に追従しない．

(b) 比例制御（P 制御）では $\omega_m/\omega_m^*=\dfrac{s}{s+(K_pK/J)}$ であり，極は左半平面実軸上にあり，$-K_pK/J$ であり，安定な応答である．

(c) 比例積分制御（PI 制御）では $\omega_m/\omega_m^*=\dfrac{s^2}{s^2+(K_pK/J)s+(K_IK/J)}$ であり，極は左半平面に存在し，$\dfrac{-K_pK}{2J}\pm\dfrac{1}{2}\sqrt{\left(\dfrac{K_pK}{J}\right)^2-4\dfrac{K_IK}{J}}$ である．K_p, K_I を適切に調整することにより極配置の実部，虚部を適切に決定することができる．

なお，(b)，(c) では，J の値が変動しても安定性などが損なわれることはないが，極配置が影響を受け，J が大きい値であるほど収束する速度が遅くなる．

8.2 外乱トルク $T_L=0$ として，

(a) $\theta/\theta^*=\dfrac{(K_pB/J)s+(K_IB/J)}{s^3+(K_pB/J)s+(K_IB/J)}$ であり，分母多項式の s^2 の係数が 0 であるために不安定である．

(b) $\theta/\theta^*=\dfrac{(K_dB/J)s+(K_pB/J)}{s^2+(K_dB/J)s+(K_pB/J)}$ であり，極が左半平面に存在するため安定である．位置制御システムでは位置フィードバック値を微分する要素が必要である．あるいは，その微分値である速度を検出して速度をフィードバックする必要がある．

9.1 $[C][C]^t$ を計算するといずれも 4×4 の単位行列になる．

索　引

ア　行

アクティブフィルタ　16
アドミタンス　13
アノード　9
アバランシェ降伏　9

位相変換器　70
位置コントロール　121
インダクタンスのエネルギー変化　93
インバータ　18
インバータ回路　3, 4

エアコンディショナー　123
永久磁石形モータ　86
永久磁石内蔵形電動機　123
エジソン　16
エネルギー変化
　　インダクタンスの──
　　　93
　　自己インダクタンスの
　　　──　101
　　相互インダクタンスの
　　　──　101
エレクトロニクス　1
円筒形回転子　86

遅れ角　39

カ　行

界磁磁束　94
回転角度位置　88
回転機械システム　121
回転座標変換　88
回転子座標系　88
回転子磁束　101
回転子巻線鎖交磁束数　101
回転子巻線磁束鎖交数ベクトル　101
回転子漏れインダクタンス　99
カオス状態　63

カオス制御　63
かご形巻線　97
かご形誘導機　129
重なり角　46
カソード　9
慣性モーメント　103
間接形ベクトル制御　105
間接コンバータ　53
完全導通状態　8
環流ダイオード　54, 75

機械角速度　103
起磁力ベクトル　89
逆起電力　92
逆行列　90
逆電圧　62
逆変換回路　3
逆変換器　18
逆方向　5
共振回路　81
共振周波数　14
キルヒホッフの電圧則　7

ゲート制御回路　27
減衰振動　14

降圧チョッパ　52
高調波　15, 77
降伏電圧　6
交流送電　16
交流発電　16
固定子座標系　88
固定子電流　101
固定子電流ベクトル　101
固定子漏れインダクタンス　98
コンバータ回路　3

サ　行

サイリスタ　9
サイリスタ変換器　22
サイリスタ6相変換回路　36
座標変換　90

三角波比較方式　56
三角波比較法 PWM　72
三相交流　88
三相二相変換　88
三相半波整流回路　32

時間微分演算子　90
軸出力　93, 101
自己インダクタンス　91
　　──のエネルギー変化　101
磁束検出形ベクトル制御　105
磁束鎖交数　90
周波数変調方式　55
瞬時角速度　88
瞬時電力　93, 99
順変換回路　3
順変換器　18
順方向　5
昇圧チョッパ　52
昇降圧チョッパ　52
状態方程式　102
ショットキーダイオード　5

スイッチング　65
スイッチング関数　67, 68, 110
スイッチング周波数　70
スイッチング則　110
スイッチング損失　8
スイッチング特性　5, 7
スイッチングレギュレータ　52
スナバ回路　76
すべり角周波数　98, 103
すべり周波数制御形ベクトル制御　105

正弦波分布　86
整流回路　3, 4
整流器　18
接合容量　75

索引

ゼロ電圧スイッチング 79, 81
ゼロ電流スイッチング 79, 81
相互インダクタンス 91
　——のエネルギー変化 101
双対回路 61
双対性 50
増幅特性 7
双方向スイッチ素子 28
速度起電力 93, 98
速度コントロール 121
ソフトスイッチング 16, 81

タ 行

帯域通過フィルタ 78
ダイオード整流器 31
ダイオードブリッジ 18
蓄積エネルギー 99
チャックコンバータ 52
直接形ベクトル制御 105
直接コンバータ 53
直流送電 16
直流チョッパ 52
直流電動機 93
直流発電 16
直列共振回路 13
通流率 54, 58, 61
低域通過フィルタ 78
定常偏差 113
デジタルシグナルプロセッサ 120
デッドタイム 47, 50
電圧則(キルヒホッフの) 7
電圧, 電流方程式 90
電圧変動率 77
電気角速度 103
電機子電流 94
電気自動車ドライブ 122
電子スイッチ 2
電子デバイス 2
転置行列 90
転流 46

電流形変換器 25
電流検出器 117
電流制動 109
電力変換 3
電力用ダイオード 5
同期ワット 100
銅損 93
突極機 90
トランジスタ電圧形三相インバータ 41
トルク 87
トルクコントロール 121

ナ 行

ニコラ・テスラ 16
2次降伏現象 75
2次時定数 105
2次振動系 14
二相交流 88
二相三相変換 113

ハ 行

バックコンバータ 52
バック・ブーストコンバータ 52
ハーフブリッジ形電力変換器 68
パルス周波数変調 67
パルス幅変調 65
パルス幅変調方式 55
パルス密度変調 67
パワーエレクトロニクス 2
パワーデバイス 2
バンドパス特性 14
ヒステリシス関数 111
ヒステリシスコンパレータ 66
ヒステリシスコンパレータ方式 110
ヒステリシス幅 111
非線形特性 63
非突極機 90
漂遊容量 14
比例積分制御 113
フィードドック制御 58

フィルタ 78
フィルタ回路 15
負荷トルク 103
ブーストコンバータ 52
フリーホイーリングダイオード 11
ブレークオーバー電圧 9
不連続導通モード 54
平滑化 78
平滑回路 78
ベクトル制御 95
方形波インバータ 29
保持電流 10
ホール素子 117
ボールねじ 126

マ 行

マイクロプロセッサ 120
巻線抵抗 90
漏れインダクタンス 91, 130

ヤ 行

誘導機 97
ユニタリ行列 90

ラ 行

理想スイッチ 68
臨界電圧上昇率 75
臨界電流上昇率 74
レゾルド 114
連続導通モード 54
ロータリーエンコーダ 114

A~Z

AC-AC 周波数変換器 70
AD-DC 変換器 71
commutation 46
CR 直列回路 76
d 軸成分 89
DC-DC コンバータ 52
d, q 逆変換 95, 113
d, q 変換 88
d', q' 座標系 134

Ebers-Moll のモデル　6	MOSFET　10	q 幅成分　89
GPC　27	overlap angle　46	rectifier　18
GTO　12	PIN ダイオード　5	T 形等価回路　134
IGBT　11	pn 接合型ダイオード　5	V/f 一定制御　106
inverter　18	PWM　66	ZCS　79, 81
LC フィルタ　16	PWM 変調　72	ZVS　79, 81

<メモ>

著者略歴

引原 隆士（ひきはら・たかし）
1958年　京都府に生まれる
1987年　京都大学大学院工学研究科博士課程研究指導認定退学
現　在　京都大学大学院工学研究科電気工学専攻・教授, 工学博士

木村 紀之（きむら・のりゆき）
1953年　岡山県に生まれる
1978年　大阪大学大学院工学研究科博士課程前期修了
現　在　大阪工業大学工学部電気電子システム工学科・教授, 工学博士

千葉　明（ちば・あきら）
1960年　東京都に生まれる
1988年　東京工業大学大学院理工学研究科博士課程修了
現　在　東京理科大学理工学部電気電子情報工学科・教授, 工学博士

大橋 俊介（おおはし・しゅんすけ）
1969年　大阪府に生まれる
1997年　東京大学大学院工学研究科博士課程修了
現　在　関西大学システム理工学部電気電子情報工学科・准教授, 博士（工学）

エース電気・電子・情報工学シリーズ
エース　パワーエレクトロニクス　　　定価はカバーに表示

2000年 4 月20日　初版第 1 刷
2014年 8 月25日　　　第 8 刷

著　者　引　原　隆　士
　　　　木　村　紀　之
　　　　千　葉　　　明
　　　　大　橋　俊　介
発行者　朝　倉　邦　造
発行所　株式会社　朝　倉　書　店
　　　　東京都新宿区新小川町 6-29
　　　　郵便番号　162-8707
　　　　電　話　03(3260)0141
　　　　FAX　03(3260)0180
〈検印省略〉　http://www.asakura.co.jp

ⓒ 2000〈無断複写・転載を禁ず〉　　平河工業社・渡辺製本

ISBN 978-4-254-22745-1　C3354　　Printed in Japan

JCOPY　＜(社)出版者著作権管理機構 委託出版物＞
本書の無断複写は著作権法上での例外を除き禁じられています. 複写される場合は, そのつど事前に, (社)出版者著作権管理機構（電話 03-3513-6969, FAX 03-3513-6979, e-mail: info@jcopy.or.jp）の許諾を得てください.

好評の事典・辞典・ハンドブック

物理データ事典	日本物理学会 編	B5判 600頁
現代物理学ハンドブック	鈴木増雄ほか 訳	A5判 448頁
物理学大事典	鈴木増雄ほか 編	B5判 896頁
統計物理学ハンドブック	鈴木増雄ほか 訳	A5判 608頁
素粒子物理学ハンドブック	山田作衛ほか 編	A5判 688頁
超伝導ハンドブック	福山秀敏ほか 編	A5判 328頁
化学測定の事典	梅澤喜夫 編	A5判 352頁
炭素の事典	伊与田正彦ほか 編	A5判 660頁
元素大百科事典	渡辺 正 監訳	B5判 712頁
ガラスの百科事典	作花済夫ほか 編	A5判 696頁
セラミックスの事典	山村 博ほか 監修	A5判 496頁
高分子分析ハンドブック	高分子分析研究懇談会 編	B5判 1268頁
エネルギーの事典	日本エネルギー学会 編	B5判 768頁
モータの事典	曽根 悟ほか 編	B5判 520頁
電子物性・材料の事典	森泉豊栄ほか 編	A5判 696頁
電子材料ハンドブック	木村忠正ほか 編	B5判 1012頁
計算力学ハンドブック	矢川元基ほか 編	B5判 680頁
コンクリート工学ハンドブック	小柳 洽ほか 編	B5判 1536頁
測量工学ハンドブック	村井俊治 編	B5判 544頁
建築設備ハンドブック	紀谷文樹ほか 編	B5判 948頁
建築大百科事典	長澤 泰ほか 編	B5判 720頁

価格・概要等は小社ホームページをご覧ください．